12 ベクトル方程式

s, t が実数のとき

(1) 点 A$(\vec{a})$ を通り, $\vec{u}$ $(\neq\vec{0})$ に平行な直線
$\vec{p}=\vec{a}+t\vec{u}$ ($\vec{u}$ は方向ベクトル)

(2) 2 点 A$(\vec{a})$, B$(\vec{b})$ を通る直線
$\vec{p}=(1-t)\vec{a}+t\vec{b}=s\vec{a}+t\vec{b}$ $(s+t=1)$

(3) 点 A$(\vec{a})$ を通り, $\vec{n}$ $(\neq\vec{0})$ に垂直な直線
$\vec{n}\cdot(\vec{p}-\vec{a})=0$ ($\vec{n}$ は法線ベクトル)

(4) 点 C$(\vec{c})$ を中心とする半径 r の円
$|\vec{p}-\vec{c}|=r$ または $(\vec{p}-\vec{c})\cdot(\vec{p}-\vec{c})=r^2$

(5) 2 点 A$(\vec{a})$, B$(\vec{b})$ を直径の両端とする円
$(\vec{p}-\vec{a})\cdot(\vec{p}-\vec{b})=0$

13 平面上の点 P の存在範囲

$\overrightarrow{\mathrm{OP}}=s\overrightarrow{\mathrm{OA}}+t\overrightarrow{\mathrm{OB}}$ のとき

・$s+t=1$
$\iff$ 直線 AB 上

・$s+t=1$, $s\geqq0$, $t\geqq0$
$\iff$ 線分 AB 上

・$s+t\leqq1$, $s\geqq0$, $t\geqq0$
$\iff$ △OAB の周
および内部

空間のベクトル

14 ベクトルの演算

(1) 和 $\overrightarrow{\mathrm{AB}}+\overrightarrow{\mathrm{BC}}=\overrightarrow{\mathrm{AC}}$
差 $\overrightarrow{\mathrm{OA}}-\overrightarrow{\mathrm{OB}}=\overrightarrow{\mathrm{BA}}$

(2) $\vec{a}+\vec{b}=\vec{b}+\vec{a}$ (交換法則)
$(\vec{a}+\vec{b})+\vec{c}=\vec{a}+(\vec{b}+\vec{c})$ (結合法則)

(3) $\vec{a}+(-\vec{a})=\vec{0}$, $\vec{a}+\vec{0}=\vec{a}$, $\vec{a}-\vec{b}=\vec{a}+(-\vec{b})$

(4) k, l が実数のとき
$k(l\vec{a})=(kl)\vec{a}$, $(k+l)\vec{a}=k\vec{a}+l\vec{a}$
$k(\vec{a}+\vec{b})=k\vec{a}+k\vec{b}$

(平面のときと同じ計算法則が成り立つ)

15 空間ベクトルの分解

$\vec{0}$ でない 3 つのベクトル $\vec{a}$, $\vec{b}$, $\vec{c}$ が同一平面上にない (1 次独立) とき

・任意の $\vec{p}$ は $\vec{p}=l\vec{a}+m\vec{b}+n\vec{c}$ (l, m, n は実数) の形にただ 1 通りに表せる。

・$l\vec{a}+m\vec{b}+n\vec{c}=l'\vec{a}+m'\vec{b}+n'\vec{c}$
$\iff l=l'$, $m=m'$, $n=n'$

16 空間ベクトルの成分 (複号同順)

$\vec{a}=(a_1,\ a_2,\ a_3)$, $\vec{b}=(b_1,\ b_2,\ b_3)$ のとき

・相等 $\vec{a}=\vec{b} \iff a_1=b_1$, $a_2=b_2$, $a_3=b_3$

・大きさ $|\vec{a}|=\sqrt{a_1{}^2+a_2{}^2+a_3{}^2}$

・$\vec{a}\pm\vec{b}=(a_1\pm b_1,\ a_2\pm b_2,\ a_3\pm b_3)$

・$k\vec{a}=(ka_1,\ ka_2,\ ka_3)$ (k は実数)

A$(a_1,\ a_2,\ a_3)$, B$(b_1,\ b_2,\ b_3)$ のとき

・$\overrightarrow{\mathrm{AB}}=(b_1-a_1,\ b_2-a_2,\ b_3-a_3)$

・$|\overrightarrow{\mathrm{AB}}|=\sqrt{(b_1-a_1)^2+(b_2-a_2)^2+(b_3-a_3)^2}$

17 空間ベクトルの内積

(1) $\vec{0}$ でない 2 つのベクトル $\vec{a}$, $\vec{b}$ のなす角を θ $(0°\leqq\theta\leqq180°)$ とするとき
$\vec{a}\cdot\vec{b}=|\vec{a}||\vec{b}|\cos\theta$

(2) $\vec{a}\cdot\vec{b}=\vec{b}\cdot\vec{a}$, $\vec{a}\cdot\vec{a}=|\vec{a}|^2$,
$\vec{a}\cdot(\vec{b}+\vec{c})=\vec{a}\cdot\vec{b}+\vec{a}\cdot\vec{c}$

$\vec{a}=(a_1,\ a_2,\ a_3)$, $\vec{b}=(b_1,\ b_2,\ b_3)$ のとき

・$\vec{a}\cdot\vec{b}=a_1b_1+a_2b_2+a_3b_3$

・$\cos\theta=\dfrac{\vec{a}\cdot\vec{b}}{|\vec{a}||\vec{b}|}=\dfrac{a_1b_1+a_2b_2+a_3b_3}{\sqrt{a_1{}^2+a_2{}^2+a_3{}^2}\sqrt{b_1{}^2+b_2{}^2+b_3{}^2}}$

18 位置ベクトル

A$(\vec{a})$, B$(\vec{b})$, C$(\vec{c})$ のとき

・$\overrightarrow{\mathrm{AB}}=\vec{b}-\vec{a}$

・線分 AB を $m:n$ の比に分ける点の位置ベクトル
内分 $\dfrac{n\vec{a}+m\vec{b}}{m+n}$, 外分 $\dfrac{-n\vec{a}+m\vec{b}}{m-n}$ $(m\neq n)$

・線分 AB の中点 $\dfrac{\vec{a}+\vec{b}}{2}$

・△ABC の重心 $\dfrac{\vec{a}+\vec{b}+\vec{c}}{3}$

19 直線と平面の垂直

一直線上にない 3 点 A, B, C で定まる平面を α とするとき

点 P が平面 α 上 $\iff \overrightarrow{\mathrm{AP}}=s\overrightarrow{\mathrm{AB}}+t\overrightarrow{\mathrm{AC}}$
$\iff \overrightarrow{\mathrm{OP}}=r\overrightarrow{\mathrm{OA}}+s\overrightarrow{\mathrm{OB}}+t\overrightarrow{\mathrm{OC}}$ $(r+s+t=1)$

20 球面の方程式

中心が点 $(a,\ b,\ c)$, 半径 r の球面の方程式
$(x-a)^2+(y-b)^2+(z-c)^2=r^2$

Prominence 数学C

数学C Progress（数C703）準拠

本書は，実教出版発行の教科書「数学C Progress」の内容に準拠した問題集です。教科書と本書を一緒に勉強することで，教科書の内容を無理なく着実に定着できるよう編修してあります。また，教科書よりもレベルを上げた問題も収録しているので，入試を見据えた応用力も身に付けることができます。

本書の構成

基本事項のまとめ	項目ごとに，重要な事柄や公式などをまとめました。
A	教科書の例，例題相当の練習に対応した，基礎的な問題です。
B	教科書の応用例題相当の練習に対応した問題や，複数の例題にまたがる内容を扱った問題など，基本的な問題です。
敎 p.6 練習1	教科書に関連する内容がある **A**， **B** の問題には，教科書の該当ページと，対応する練習問題を示しました。これを活用して教科書で学習した内容を反復することで，基礎・基本をしっかり身に付けることができます。 （　）付きのものは，参考になる内容が教科書にあることを示しています。
C	教科書本文を少し超えた，入試の基礎のレベルの問題です。教科書には扱っていない問題で，特に重要な問題には **例題** を用意し，思考の過程を確認しながら問題を演習することができます。
＊印	＊印のついた問題を演習することで，一通りの学習ができるように配慮しています。
＜章末問題＞	入試を強く意識した問題を，各章末にまとめて掲載しました。
Prominence	章末問題のうち，特に思考力や表現力が身に付けられるように意識した問題です。

数学 C

3 章 **平面上の曲線**

1章 ベクトル

1節 平面上のベクトル

1 ベクトルとその意味

① **有向線分とベクトル**

1. ベクトルの相等 $\vec{a}=\vec{b}$…$\vec{a}$ と $\vec{b}$ の向きと大きさがそれぞれ等しいこと。

2. ベクトル $\vec{a}$ の大きさを $|\vec{a}|$ で表す。大きさが1のベクトルを 単位ベクトル という。

2 ベクトルの演算

教 p.8〜14

和 $\vec{a}+\vec{b}$　　　　　差 $\vec{a}-\vec{b}$　　　　　実数倍 $k\vec{a}$

　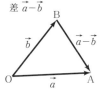　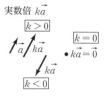

① **ベクトルの加法**

$\overrightarrow{AB}+\overrightarrow{BC}=\overrightarrow{AC}$

計算法則　$\vec{a}+\vec{b}=\vec{b}+\vec{a}$　（交換法則），　$(\vec{a}+\vec{b})+\vec{c}=\vec{a}+(\vec{b}+\vec{c})$　（結合法則）

② **逆ベクトルと零ベクトル**

逆ベクトル $-\vec{a}$…$\vec{a}$ と大きさが等しく向きが反対であるベクトル，$\overrightarrow{BA}=-\overrightarrow{AB}$

零ベクトル $\vec{0}$ …大きさが0のベクトル。向きは考えない。

計算法則　$\vec{a}+(-\vec{a})=(-\vec{a})+\vec{a}=\vec{0}$,　$\vec{a}+\vec{0}=\vec{0}+\vec{a}=\vec{a}$

③ **ベクトルの減法**

$\vec{a}-\vec{b}=\vec{a}+(-\vec{b})$,　$\overrightarrow{OA}-\overrightarrow{OB}=\overrightarrow{BA}$

④ **ベクトルの実数倍**　$k\vec{a}$　（k は実数）

$\vec{a}\neq\vec{0}$ のとき　$k>0$ ならば $\vec{a}$ と同じ向きで，大きさが $|\vec{a}|$ の k 倍のベクトル，$1\vec{a}=\vec{a}$

　　　　　　　　$k<0$ ならば $\vec{a}$ と逆の向きで，大きさが $|\vec{a}|$ の $|k|$ 倍のベクトル，$(-1)\vec{a}=-\vec{a}$

　　　　　　　　$k=0$ ならば $0\vec{a}=\vec{0}$

$\vec{a}=\vec{0}$ のとき　任意の実数 k に対して　$k\vec{0}=\vec{0}$

計算法則　$k(l\vec{a})=(kl)\vec{a}$,　$(k+l)\vec{a}=k\vec{a}+l\vec{a}$,　$k(\vec{a}+\vec{b})=k\vec{a}+k\vec{b}$　（k, l は実数）

⑤ **ベクトルの平行**

$\vec{a}\neq\vec{0}$, $\vec{b}\neq\vec{0}$ のとき，$\vec{a}//\vec{b}\iff\vec{b}=k\vec{a}$ となる実数 k がある。

⑥ **ベクトルの分解**

$\vec{0}$ でない2つのベクトル $\vec{a}$, $\vec{b}$ が平行でないとき，任意のベクトル $\vec{p}$ は，

$\vec{p}=m\vec{a}+n\vec{b}$（$m$, n は実数）の形でただ1通りに表すことができる。

$\vec{0}$ でない2つのベクトル $\vec{a}$, $\vec{b}$ が平行でないとき，$\vec{a}$ と $\vec{b}$ は 1次独立 であるといい，

次のことが成り立つ。

　　　$m\vec{a}+n\vec{b}=m'\vec{a}+n'\vec{b}\iff m=m'$ かつ $n=n'$

　　　とくに　$m\vec{a}+n\vec{b}=\vec{0}\iff m=n=0$

A

□ **1** 右の図において，次の条件を満たすベクトル
をそれぞれ選べ。　　　　　㊙p.7 練習1

*(1) 等しいベクトル

(2) 同じ向きのベクトル

(3) 大きさが等しいベクトル

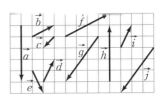

□ ***2** 次の2つのベクトル $\vec{a}$ と $\vec{b}$ の和 $\vec{a}+\vec{b}$ を図示せよ。　　㊙p.8 練習2

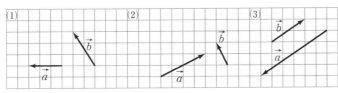

□ **3** 平面上に4点 A，B，C，D がある。このとき，次の式が成り立つことを示せ。

*(1) $\overrightarrow{AB}+\overrightarrow{BC}+\overrightarrow{CD}+\overrightarrow{DA}=\vec{0}$　　(2) $\overrightarrow{AC}-\overrightarrow{AB}=\overrightarrow{BD}-\overrightarrow{CD}$　　㊙p.9 練習3

□ ***4** 次の2つのベクトル $\vec{a}$ と $\vec{b}$ の差 $\vec{a}-\vec{b}$ を図示せよ。　　㊙p.10 練習4

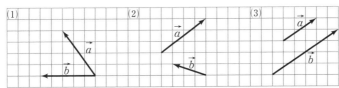

□ **5** 長方形 ABCD の対角線の交点を O とし，$\overrightarrow{OA}=\vec{a}$,
$\overrightarrow{OB}=\vec{b}$ とする。このとき，次のベクトルを $\vec{a}$, $\vec{b}$
で表せ。　　　　　㊙p.10 練習5

*(1) $\overrightarrow{AC}$　　　(2) $\overrightarrow{BA}$

(3) $\overrightarrow{DC}$　　　(4) $\overrightarrow{AD}$

□ **6** 下の図のベクトル $\vec{a}$, $\vec{b}$ について，次のベクトルをそれぞれ図示せよ。　㊙p.11 練習6

(1) $2\vec{a}$ および $\vec{a}+2\vec{b}$　　　　　*(2) $-\frac{1}{2}\vec{b}$ および $-2\vec{a}+\vec{b}$

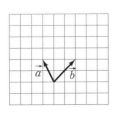　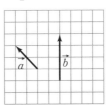

□ **7** 次の計算をせよ。　　　　　　　　　　　　　　　　　　　　　㉚p.12 練習 7

　　　*(1)　$(3\vec{a}-2\vec{b})+(-\vec{a}+2\vec{b})$　　　　　　　*(2)　$2\vec{a}-\vec{b}-3(\vec{a}-2\vec{b})$

　　　(3)　$3(\vec{a}-4\vec{b})-5(2\vec{a}-3\vec{b})$　　　　　　*(4)　$4\left(-\vec{p}+\dfrac{1}{2}\vec{q}\right)+3(\vec{p}-\vec{q})$

□ **8** 次の等式を満たすベクトル $\vec{x}$ を $\vec{a}$, $\vec{b}$ で表せ。　　　　　㉚p.12 練習 8

　　　(1)　$2\vec{x}+6\vec{a}=5\vec{x}+9\vec{b}$　　　　　　　(2)　$3(\vec{x}-2\vec{a})-5(\vec{x}-\vec{b})=\vec{0}$

□ **9** 正六角形 ABCDEF と中心 O において，$\overrightarrow{OA}=\vec{a}$, $\overrightarrow{OB}=\vec{b}$
　　　とするとき，次のベクトルを $\vec{a}$, $\vec{b}$ で表せ。

　　　*(1)　$\overrightarrow{AB}$　　　　*(2)　$\overrightarrow{BE}$　　　　㉚p.13 練習 9

　　　(3)　$\overrightarrow{CF}$　　　　(4)　$\overrightarrow{AE}$

　　　*(5)　$\overrightarrow{CE}$　　　　*(6)　$\overrightarrow{DF}$

□ **10** $|\overrightarrow{OA}|=\sqrt{5}$, $|\overrightarrow{OB}|=2$, $\angle AOB=90°$ の直角三角形 OAB がある。
　　　このとき，次のベクトルを $\overrightarrow{OA}$, $\overrightarrow{OB}$ で表せ。　　　㉚p.13 練習 10

　　　*(1)　$\overrightarrow{OA}$ と同じ向きの単位ベクトル

　　　*(2)　$\overrightarrow{OB}$ と平行な単位ベクトル

　　　(3)　$\overrightarrow{AB}$ と平行な単位ベクトル

□ **11** 次の図において，$\vec{c}$, $\vec{d}$, $\vec{e}$, $\vec{f}$ をそれぞれ $\vec{a}$, $\vec{b}$ で表せ。　　　㉚p.14 練習 11

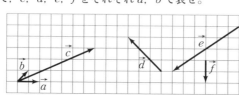

□ **12** 2 つのベクトル $\vec{a}$, $\vec{b}$ が 1 次独立であるとき，次の式が成り立つように，x, y の値を
　　　定めよ。　　　　　　　　　　　　　　　　　　　　　　　㉚p.14 練習 12

　　　(1)　$3\vec{a}+2x\vec{b}=(1-y)\vec{a}+3\vec{b}$　　　　(2)　$(3x+5)\vec{a}-(6x+5y)\vec{b}=\vec{0}$

B

□ **13** 次の等式を満たすベクトル $\vec{x}$, $\vec{y}$ を $\vec{a}$, $\vec{b}$ で表せ。　　　（㉚p.14 練習 12）

　　　*(1)　$\begin{cases} 3\vec{x}-\vec{y}=\vec{a} \\ \vec{x}+\vec{y}=\vec{b} \end{cases}$　　　　(2)　$\begin{cases} \vec{x}+2\vec{y}=\vec{b} \\ 2\vec{x}-3\vec{y}=\vec{a}-2\vec{b} \end{cases}$

3　ベクトルの成分

1 **ベクトルの成分表示**

基本ベクトル $\vec{e_1}$, $\vec{e_2}$ はそれぞれ x 軸, y 軸の正の向きと同じ向きの単位ベクトルを表す。

平面上の点 A$(a_1,\ a_2)$ に対して, $\overrightarrow{OA}=\vec{a}$ とおくとき

$\vec{a}=a_1\vec{e_1}+a_2\vec{e_2}$ （基本ベクトル表示）, $\vec{a}=(a_1,\ a_2)$ （成分表示）

2 **ベクトルの相等と大きさ**

$\vec{e_1}=(1,\ 0)$, $\vec{e_2}=(0,\ 1)$, $\vec{0}=(0,\ 0)$

$\vec{a}=(a_1,\ a_2)$, $\vec{b}=(b_1,\ b_2)$ のとき　　$\vec{a}=\vec{b}$ ⇔ $a_1=b_1$ かつ $a_2=b_2$

$$|\vec{a}|=\sqrt{a_1{}^2+a_2{}^2}$$

3 **成分によるベクトルの演算**　　4 **$\overrightarrow{AB}$ の成分と大きさ**　　5 **ベクトルの平行・分解**

$\vec{a}=(a_1,\ a_2)$, $\vec{b}=(b_1,\ b_2)$ のとき,

和　　$\vec{a}+\vec{b}=(a_1,\ a_2)+(b_1,\ b_2)=(a_1+b_1,\ a_2+b_2)$

差　　$\vec{a}-\vec{b}=(a_1,\ a_2)-(b_1,\ b_2)=(a_1-b_1,\ a_2-b_2)$

実数倍　$k\vec{a}=k(a_1,\ a_2)=(ka_1,\ ka_2)$　（k は実数）

2 点 A$(a_1,\ a_2)$, B$(b_1,\ b_2)$ について

$\overrightarrow{AB}=(b_1-a_1,\ b_2-a_2)$, $|\overrightarrow{AB}|=\sqrt{(b_1-a_1)^2+(b_2-a_2)^2}$

A

□ ***14**　次の図のベクトル $\vec{a}$, $\vec{b}$, $\vec{c}$, $\vec{d}$, $\vec{e}$ を成分で表し, その大きさを求めよ。

敎p.16 練習 13

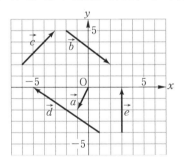

□ **15**　$\vec{a}=(-1,\ 3)$, $\vec{b}=(5,\ -2)$ について, 次のベクトルを成分で表し, その大きさを

求めよ。

敎p.17 練習 14

*(1)　$2\vec{a}+\vec{b}$　　　　　　　(2)　$3\vec{a}-2\vec{b}$　　　　　*(3)　$(\vec{a}-3\vec{b})-2(\vec{a}-2\vec{b})$

□ **16**　4 点 O$(0,\ 0)$, A$(1,\ -3)$, B$(4,\ 1)$, C$(-5,\ -2)$ について, 次のベクトルを成分で

表せ。また, その大きさを求めよ。

敎p.18 練習 15

*(1)　$\overrightarrow{OA}$　　　　(2)　$\overrightarrow{AB}$　　　　*(3)　$\overrightarrow{BC}$　　　　(4)　$\overrightarrow{CA}$

☐ **17** 4点 A$(-1, 0)$, B$(5, 5)$, C$(2, 8)$, D(x, y) がある。 教 p.18 練習 16

    (1) $\overrightarrow{\mathrm{AD}}=\overrightarrow{\mathrm{BC}}$ が成り立つとき, x, y の値を求めよ。

   *(2) 四角形 ABDC が平行四辺形となるような x, y の値を求めよ。

☐ ***18** $\vec{a}=(-5, 2)$, $\vec{b}=(3, -2)$, $\vec{c}=(7, -4)$ のとき, $(\vec{a}+t\vec{b})\,/\!/\,\vec{c}$ となるように実数 t の

    値を定めよ。 教 p.19 練習 17

☐ **19** 次の3つのベクトル $\vec{a}$, $\vec{b}$, $\vec{c}$ について, $\vec{c}$ を $m\vec{a}+n\vec{b}$ の形で表せ。 教 p.19 練習 18

   *(1) $\vec{a}=(4, -1)$, $\vec{b}=(-1, 3)$, $\vec{c}=(-7, 10)$

    (2) $\vec{a}=(9, 3)$, $\vec{b}=(-2, 5)$, $\vec{c}=(8, -3)$

◢◤ **B** ◢◤

☐ **20** $3\vec{x}+\vec{y}=(1, -2)$, $\vec{x}-2\vec{y}=(12, -3)$ を満たすベクトル $\vec{x}$, $\vec{y}$ がある。 教 p.19 練習 18

    (1) $\vec{x}$, $\vec{y}$ を成分で表せ。

    (2) $s\vec{x}+t\vec{y}=(4, -1)$ となるように実数 s, t の値を定めよ。

◢◤ **C** ◢◤

例題　1

$\vec{a}=(2, -3)$, $\vec{b}=(-1, 1)$, $\vec{c}=\vec{a}+t\vec{b}$ (t は実数) とするとき, $\vec{c}$ の大きさの最小値を
求めよ。

考え方 $\vec{c}$ を成分表示してから, $|\vec{c}|^2$ を t の式で表す。

解答 $\vec{c}=\vec{a}+t\vec{b}=(2, -3)+t(-1, 1)=(2-t, -3+t)$ であるから,

$$|\vec{c}|^2=(2-t)^2+(-3+t)^2=2t^2-10t+13=2\left(t-\frac{5}{2}\right)^2+\frac{1}{2}$$

よって, $|\vec{c}|^2$ は $t=\dfrac{5}{2}$ のとき, 最小値 $\dfrac{1}{2}$ をとる。

$|\vec{c}|\geqq 0$ であるから, このとき, $|\vec{c}|$ も最小となる。

ゆえに, $t=\dfrac{5}{2}$ のとき　最小値 $\sqrt{\dfrac{1}{2}}=\dfrac{\sqrt{2}}{2}$ **答**

☐ **21** $\vec{a}=(-3, 4)$, $\vec{b}=(2, -1)$, $\vec{c}=\vec{a}+t\vec{b}$ (t は実数) とするとき, 次の問いに答えよ。

    (1) $|\vec{c}|=\sqrt{10}$ となるとき, t の値を求めよ。また, そのときの $\vec{c}$ を求めよ。

    (2) $\vec{c}$ の大きさの最小値とそのときの t の値を求めよ。

4 ベクトルの内積

教 p.20〜26

1 **ベクトルの内積**

$\vec{0}$ でない 2 つのベクトル $\vec{a}$ と $\vec{b}$ のなす角を θ $(0°\leqq\theta\leqq180°)$ とすると
$$\vec{a}\cdot\vec{b}=|\vec{a}||\vec{b}|\cos\theta$$
$\vec{a}=\vec{0}$ または $\vec{b}=\vec{0}$ のときは，$\vec{a}\cdot\vec{b}=0$ と定める。

2 **ベクトルの垂直・平行と内積**

$\vec{a}\neq\vec{0}$，$\vec{b}\neq\vec{0}$ のとき
$$\vec{a}\perp\vec{b} \iff \vec{a}\cdot\vec{b}=0$$
$$\vec{a}/\!/\vec{b} \iff \vec{a}\cdot\vec{b}=|\vec{a}||\vec{b}| \text{ または } \vec{a}\cdot\vec{b}=-|\vec{a}||\vec{b}|$$
とくに，内積について $\vec{a}\cdot\vec{a}=|\vec{a}|^2$，$|\vec{a}|=\sqrt{\vec{a}\cdot\vec{a}}$ が成り立つ。

3 **内積と成分**

$\vec{a}=(a_1,\ a_2)$，$\vec{b}=(b_1,\ b_2)$ のとき $\vec{a}\cdot\vec{b}=a_1b_1+a_2b_2$

4 **ベクトルのなす角**

$\vec{0}$ でない 2 つのベクトル $\vec{a}=(a_1,\ a_2)$，$\vec{b}=(b_1,\ b_2)$ のなす角を θ とすると
$$\cos\theta=\frac{\vec{a}\cdot\vec{b}}{|\vec{a}||\vec{b}|}=\frac{a_1b_1+a_2b_2}{\sqrt{a_1{}^2+a_2{}^2}\sqrt{b_1{}^2+b_2{}^2}} \quad (0°\leqq\theta\leqq180°)$$

5 **成分表示によるベクトルの垂直**

$\vec{0}$ でない 2 つのベクトル $\vec{a}=(a_1,\ a_2)$，$\vec{b}=(b_1,\ b_2)$ について
$$\vec{a}\perp\vec{b} \iff a_1b_1+a_2b_2=0$$

6 **内積の性質**

1. $\vec{a}\cdot\vec{b}=\vec{b}\cdot\vec{a}$ （交換法則）
2. $\vec{a}\cdot(\vec{b}+\vec{c})=\vec{a}\cdot\vec{b}+\vec{a}\cdot\vec{c}$，$(\vec{a}+\vec{b})\cdot\vec{c}=\vec{a}\cdot\vec{c}+\vec{b}\cdot\vec{c}$ （分配法則）
3. $(k\vec{a})\cdot\vec{b}=\vec{a}\cdot(k\vec{b})=k(\vec{a}\cdot\vec{b})$ （k は実数）

A

*22 $\vec{a}$ と $\vec{b}$ のなす角を θ とする。このとき，2 つのベクトル $\vec{a}$ と $\vec{b}$ の内積 $\vec{a}\cdot\vec{b}$ を求めよ。

(1) $|\vec{a}|=5$，$|\vec{b}|=2$，$\theta=45°$　　(2) $|\vec{a}|=3$，$|\vec{b}|=1$，$\theta=120°$ 教 p.20 練習 19

23 1 辺の長さが 1 である正方形 ABCD において，次の内積を求めよ。 教 p.20 練習 20

*(1) $\overrightarrow{AB}\cdot\overrightarrow{AC}$　　*(2) $\overrightarrow{AB}\cdot\overrightarrow{BC}$　　(3) $\overrightarrow{AB}\cdot\overrightarrow{DC}$

*(4) $\overrightarrow{AD}\cdot\overrightarrow{CB}$　　(5) $\overrightarrow{CA}\cdot\overrightarrow{DC}$

*24 次の 2 つのベクトル $\vec{a}$ と $\vec{b}$ の内積を求めよ。 教 p.22 練習 21

(1) $\vec{a}=(4,\ 1)$，$\vec{b}=(3,\ -5)$　　(2) $\vec{a}=(5,\ -3)$，$\vec{b}=(3,\ 7)$

(3) $\vec{a}=(3,\ \sqrt{6})$，$\vec{b}=(\sqrt{2},\ -\sqrt{3})$

□ **25** 次の2つのベクトル $\vec{a}$ と $\vec{b}$ のなす角 θ を求めよ。　　　㊙p.23 練習 22
  *(1) $|\vec{a}|=4$, $|\vec{b}|=3$, $\vec{a}\cdot\vec{b}=6\sqrt{3}$
  *(2) $|\vec{a}|=\sqrt{5}$, $|\vec{b}|=2$, $\vec{a}\cdot\vec{b}=-\sqrt{10}$
  (3) $|\vec{a}|=\sqrt{6}$, $|\vec{b}|=2\sqrt{3}$, $\vec{a}\cdot\vec{b}=-3\sqrt{2}$

□ **26** 次の2つのベクトル $\vec{a}$ と $\vec{b}$ のなす角 θ を求めよ。　　　㊙p.23 練習 23
  *(1) $\vec{a}=(-1,\ 2)$, $\vec{b}=(2,\ 6)$
  *(2) $\vec{a}=(6,\ 8)$, $\vec{b}=(4,\ -3)$
  (3) $\vec{a}=(\sqrt{6}+\sqrt{2},\ \sqrt{6}-\sqrt{2})$, $\vec{b}=(-1,\ -1)$

□ **27** 次の問いに答えよ。　　　㊙p.24 練習 24
  *(1) $\vec{a}=(5,\ x)$ と $\vec{b}=(-1,\ 2)$ が垂直となるような x の値を求めよ。
  (2) $\vec{a}=(x+2,\ -3)$, $\vec{b}=(-1,\ -3)$ について，$\vec{a}+\vec{b}$ と $\vec{a}-2\vec{b}$ が垂直となるような
    x の値を求めよ。

□ **28** $\vec{a}=(1,\ 3)$ に垂直な単位ベクトル $\vec{e}$ を求めよ。　　　㊙p.24 練習 25

□ **29** $\vec{0}$ でない2つのベクトル $\vec{a}=(a_1,\ a_2)$ と $\vec{b}=(a_2,\ -a_1)$ は垂直であることを利用して，
  $\vec{c}=(-2,\ 1)$ に垂直で，大きさが $2\sqrt{5}$ のベクトル $\vec{d}$ を求めよ。　　　㊙p.24 練習 26

□ **30** 次の等式が成り立つことを示せ。　　　㊙p.25 練習 27
  (1) $(3\vec{a}+2\vec{b})\cdot(3\vec{a}-2\vec{b})=9|\vec{a}|^2-4|\vec{b}|^2$
  *(2) $|2\vec{a}-3\vec{b}|^2+|3\vec{a}+2\vec{b}|^2=13(|\vec{a}|^2+|\vec{b}|^2)$

□ **31** 次の問いに答えよ。　　　㊙p.26 練習 28
  *(1) $|\vec{a}|=3$, $|\vec{b}|=\sqrt{7}$, $\vec{a}\cdot\vec{b}=-5$ のとき，$|3\vec{a}+2\vec{b}|$ の値を求めよ。
  *(2) $|\vec{a}|=3$, $|\vec{b}|=1$, $\vec{a}\cdot\vec{b}=\dfrac{5}{2}$ のとき，$(3\vec{a}-4\vec{b})\cdot(\vec{a}+2\vec{b})$ の値を求めよ。
  (3) $|\vec{a}|=\sqrt{6}$, $|\vec{b}|=2\sqrt{2}$, $\vec{a}$ と $\vec{b}$ のなす角が $150°$ のとき，内積 $\vec{a}\cdot\vec{b}$ と $|2\vec{a}-\vec{b}|$ の値
    を求めよ。

B

□ **32** $|\vec{a}|=2$, $|\vec{b}|=3\sqrt{2}$ でベクトル $6\vec{a}-\vec{b}$ と $\vec{a}-\vec{b}$ が垂直であるとき，$\vec{a}$ と $\vec{b}$ のなす角 θ を
  求めよ。
  　　　㊙p.26 練習 29

33 次の問いに答えよ。 (教) p.23 練習 22)

*(1) $|\vec{a}|=3$, $|\vec{b}|=2$, $|2\vec{a}+5\vec{b}|=2\sqrt{19}$ であるとき，$\vec{a}$, $\vec{b}$ のなす角 θ を求めよ。

(2) $|\vec{a}|=\sqrt{6}$, $|\vec{a}-3\vec{b}|=\sqrt{6}$, $(\vec{a}-2\vec{b})\cdot(\vec{a}-4\vec{b})=4$ であるとき，$|\vec{b}|$ の値と，$\vec{a}$ と $\vec{b}$ の
なす角 θ を求めよ。

34 次の条件を満たす実数 t の値を求めよ。 (教) p.24 練習 24)

*(1) $\vec{a}=(-t+1,\ 3t)$, $\vec{b}=(-t+2,\ t)$ のとき，$\vec{a}+\vec{b}$ と $\vec{a}-\vec{b}$ が垂直

(2) 平行でない 2 つのベクトル $\vec{a}$ と $\vec{b}$ について，$|\vec{a}|=2$, $|\vec{b}|=3$ のとき，$t\vec{a}-3\vec{b}$ と
$t\vec{a}+3\vec{b}$ が垂直

35 3 つのベクトル $\vec{a}=(x,\ 1)$, $\vec{b}=(-2,\ 4)$, $\vec{c}=(3,\ y)$ について，$(\vec{a}-\vec{b})\perp\vec{c}$ かつ
$(\vec{b}-\vec{c})/\!/\vec{a}$ が成り立つような x, y の値を求めよ。 (教) p.21, p.24 練習 24)

36 3 つのベクトル $\vec{a}=(2,\ 1)$, $\vec{b}=(1,\ -2)$, $\vec{c}=(1,\ 2)$ について，$(m\vec{a}+n\vec{b})\perp\vec{c}$ かつ
$|m\vec{a}+n\vec{b}|=10$ が成り立つような m, n の値を求めよ。 (教) p.24 練習 24)

37 $\vec{a}=(1,\ 2)$ とのなす角が $135°$，大きさが $\sqrt{10}$ のベクトル $\vec{p}$ を求めよ。
(教) p.23 練習 22, p.24 練習 25)

38 $\vec{0}$ でない 2 つのベクトル $\vec{a}$ と $\vec{b}$ について，次のことを示せ。 (教) p.25 練習 27)

*(1) $|2\vec{a}+\vec{b}|=|2\vec{a}-\vec{b}|$ ならば，$\vec{a}\perp\vec{b}$

(2) $|\vec{a}|=|\vec{b}|$ かつ $|5\vec{a}+2\vec{b}|=|2\vec{a}-5\vec{b}|$ ならば，$\vec{a}\perp\vec{b}$

C

39 $\vec{a}=(x-1,\ 4)$, $\vec{b}=(2x,\ -3)$ について，次の問いに答えよ。

(1) 内積 $\vec{a}\cdot\vec{b}$ が最小になるときの x の値と，そのときの $\vec{a}\cdot\vec{b}$ の値を求めよ。

(2) $\vec{a}$ と $\vec{b}$ のなす角が鈍角となるような x の値の範囲を求めよ。

40 2 つのベクトル $\vec{a}$, $\vec{b}$ が 1 次独立であるとき，次の問いに答えよ。

(1) $|\vec{a}+t\vec{b}|$ を最小にする実数 t を t_0，そのときの最小値を m とする。
このとき，t_0, m をそれぞれ $|\vec{a}|$, $|\vec{b}|$, $\vec{a}\cdot\vec{b}$ を用いて表せ。

(2) (1)の t_0 について，$\vec{a}+t_0\vec{b}$ と $\vec{b}$ は垂直であることを示せ。

例題 2

$\vec{a} \neq \vec{0}$, $\vec{b} \neq \vec{0}$ のとき,不等式 $|\vec{a}+\vec{b}| \leq |\vec{a}|+|\vec{b}|$ が成り立つことを示せ。

〈考え方〉 両辺とも 0 以上であるから,両辺の平方の差を調べる。

証明 $\vec{a}$ と $\vec{b}$ のなす角を θ $(0° \leq \theta \leq 180°)$ とすると

$$(|\vec{a}|+|\vec{b}|)^2 - |\vec{a}+\vec{b}|^2$$
$$= (|\vec{a}|^2 + 2|\vec{a}||\vec{b}| + |\vec{b}|^2) - (|\vec{a}|^2 + 2\vec{a}\cdot\vec{b} + |\vec{b}|^2)$$
$$= 2(|\vec{a}||\vec{b}| - \vec{a}\cdot\vec{b}) = 2|\vec{a}||\vec{b}|(1-\cos\theta) \quad \longleftarrow \boxed{\vec{a}\cdot\vec{b} = |\vec{a}||\vec{b}|\cos\theta}$$

ここで,$|\vec{a}|>0$,$|\vec{b}|>0$,$1-\cos\theta \geq 0$ であるから

$$|\vec{a}+\vec{b}|^2 \leq (|\vec{a}|+|\vec{b}|)^2$$

よって,$|\vec{a}+\vec{b}| \geq 0$,$|\vec{a}|+|\vec{b}|>0$ であるから $|\vec{a}+\vec{b}| \leq |\vec{a}|+|\vec{b}|$ **終**

〈参考〉 等号が成り立つのは,$\vec{a}$ と $\vec{b}$ が同じ向き $(\theta=0°)$ のときである。

□ **41** $\vec{a} \neq \vec{0}$, $\vec{b} \neq \vec{0}$ のとき,次の不等式を証明せよ。

(1) $|2\vec{a}+3\vec{b}| \leq 2|\vec{a}|+3|\vec{b}|$ (2) $|\vec{a}| \geq |\vec{b}|$ のとき $|\vec{a}+\vec{b}| \geq |\vec{a}|-|\vec{b}|$

研究 **三角形の面積** 教p.27

$\overrightarrow{OA} = \vec{a} = (a_1,\ a_2)$,$\overrightarrow{OB} = \vec{b} = (b_1,\ b_2)$ であるとき,△OAB の面積 S は

$$S = \frac{1}{2}\sqrt{|\vec{a}|^2|\vec{b}|^2 - (\vec{a}\cdot\vec{b})^2} = \frac{1}{2}|a_1 b_2 - a_2 b_1|$$

A

□ **42** 次の三角形の面積を求めよ。 教p.27 演習1

*(1) $|\overrightarrow{OA}| = \sqrt{7}$,$|\overrightarrow{OB}| = 2\sqrt{6}$,$\overrightarrow{OA}\cdot\overrightarrow{OB} = -8$ を満たす△OAB

*(2) O(0, 0),A(−4, 3),B(1, 2) の 3 点を頂点とする△OAB

(3) A(2, −1),B(4, 6),C(6, −5) の 3 点を頂点とする△ABC

B

□ **43** $|\overrightarrow{OA}| = 3$,$|\overrightarrow{OB}| = 5$,$|\overrightarrow{OA}+\overrightarrow{OB}| = 2\sqrt{11}$ であるとき,△OAB の面積を求めよ。

(教 p.27 演習 1)

C

□ **44** △ABC において,$|\overrightarrow{OA}| = \sqrt{7}$,$|\overrightarrow{OB}| = 2$,$|\overrightarrow{OC}| = \sqrt{5}$,$\overrightarrow{OA}+\overrightarrow{OB}+\overrightarrow{OC} = \vec{0}$ が成り立つとき,△ABC の面積 S を求めよ。

2節 ベクトルの応用

1 位置ベクトル

教 p.29 ~ 31

平面上の基準となる点 O と任意の点 P に対して，$\overrightarrow{OP}=\vec{p}$ を点 P の **位置ベクトル** といい，$P(\vec{p})$ と表す。

2 点 $A(\vec{a})$，$B(\vec{b})$ に対して $\overrightarrow{AB}=\vec{b}-\vec{a}$ である。

1 内分点・外分点の位置ベクトル

2 点 $A(\vec{a})$，$B(\vec{b})$ について，線分 AB を $m:n$ に内分する点を $P(\vec{p})$，外分する点を $Q(\vec{q})$，線分 AB の中点を $M(\vec{m})$ とすると

$$\vec{p}=\frac{n\vec{a}+m\vec{b}}{m+n}, \qquad \vec{q}=\frac{-n\vec{a}+m\vec{b}}{m-n}, \qquad \vec{m}=\frac{\vec{a}+\vec{b}}{2}$$

2 三角形の重心の位置ベクトル

3 点 $A(\vec{a})$，$B(\vec{b})$，$C(\vec{c})$ を頂点とする △ABC の重心を $G(\vec{g})$ とすると

$$\vec{g}=\frac{\vec{a}+\vec{b}+\vec{c}}{3}$$

A

□ **45** 2 点 $A(\vec{a})$，$B(\vec{b})$ について，線分 AB を次の比に内分する点 P の位置ベクトル $\vec{p}$，および外分する点 Q の位置ベクトル $\vec{q}$ を，それぞれ $\vec{a}$，$\vec{b}$ で表せ。　教 p.30 練習 1

(1) $3:4$ 　　　　　　　　　　*(2) $4:1$

□ *46 3 点 $A(\vec{a})$，$B(\vec{b})$，$C(\vec{c})$ を頂点とする △ABC において，辺 AB を $2:1$ に内分する点を P，△PBC の重心を G とする。このとき，点 P，G の位置ベクトル $\vec{p}$，$\vec{g}$ を，それぞれ $\vec{a}$，$\vec{b}$，$\vec{c}$ で表せ。　教 p.31 練習 2

□ *47 3 点 $A(\vec{a})$，$B(\vec{b})$，$C(\vec{c})$ を頂点とする △ABC において辺 BC，CA，AB を $2:3$ に内分する点をそれぞれ D，E，F とする。このとき，$\overrightarrow{AD}+\overrightarrow{BE}+\overrightarrow{CF}=\vec{0}$ が成り立つことを示せ。　教 p.31 練習 3

□ **48** △ABC の重心を G とするとき，任意の点 P に対して，等式 $\overrightarrow{AP}+\overrightarrow{BP}-2\overrightarrow{CP}=3\overrightarrow{GC}$ が成り立つことを証明せよ。　(教 p.31 練習 3)

C

□ **49** AB=6, AC=5, $\cos\angle BAC=\dfrac{1}{5}$ である △ABC の内心を I, 直線 AI と辺 BC の

交点を D とおく。$\overrightarrow{AB}=\vec{b}$, $\overrightarrow{AC}=\vec{c}$ とおくとき，次の問いに答えよ。

(1) BC, BD の長さをそれぞれ求めよ。

(2) $\overrightarrow{AI}$ を $\vec{b}$, $\vec{c}$ で表せ。

例題 3

△ABC と点 P に対して，等式 $\overrightarrow{PA}+3\overrightarrow{PB}+4\overrightarrow{PC}=\vec{0}$ が成り立つとき，次の問いに答えよ。

(1) 点 P はどのような位置にあるか。

(2) 面積の比 △PBC : △PCA : △PAB を最も簡単な整数の比で表せ。

――――――――――――――――――――――――――――――――――――

⟨考え方⟩ 与えられた等式を変形して，$\overrightarrow{AP}$ を $\overrightarrow{AB}$, $\overrightarrow{AC}$ を用いて表し，その図形的意味を考える。

解答 (1) 与えられた等式より

$$-\overrightarrow{AP}+3(\overrightarrow{AB}-\overrightarrow{AP})+4(\overrightarrow{AC}-\overrightarrow{AP})=\vec{0}$$

$$8\overrightarrow{AP}=3\overrightarrow{AB}+4\overrightarrow{AC}$$

$$\overrightarrow{AP}=\frac{3\overrightarrow{AB}+4\overrightarrow{AC}}{8}=\frac{7}{8}\cdot\frac{3\overrightarrow{AB}+4\overrightarrow{AC}}{7}$$

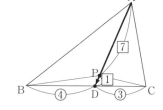

ここで，辺 BC を 4:3 に内分する点を D とおくと，

$$\overrightarrow{AD}=\frac{3\overrightarrow{AB}+4\overrightarrow{AC}}{7}\text{ であるから }\quad \overrightarrow{AP}=\frac{7}{8}\overrightarrow{AD}$$

よって，点 P は線分 AD を 7:1 に内分する。

したがって，**点 P は辺 BC を 4:3 に内分する点 D として，線分 AD を 7:1 に内分する位置にある。** 答

(2) △ABC の面積を S とすると

$$\triangle PBC=\frac{1}{8}\times\triangle ABC=\frac{1}{8}S,\quad \triangle PCA=\frac{7}{8}\triangle ADC=\frac{7}{8}\times\frac{3}{7}S=\frac{3}{8}S,$$

$$\triangle PAB=\frac{7}{8}\triangle ABD=\frac{7}{8}\times\frac{4}{7}S=\frac{1}{2}S$$

よって，$\triangle PBC:\triangle PCA:\triangle PAB=\dfrac{1}{8}S:\dfrac{3}{8}S:\dfrac{1}{2}S=1:3:4$ 答

□ **50** △ABC と点 P に対して，等式 $3\overrightarrow{PA}+4\overrightarrow{PB}+5\overrightarrow{PC}=\vec{0}$ が成り立つとき，次の問いに答えよ。

(1) $\overrightarrow{AP}$ を $\overrightarrow{AB}$, $\overrightarrow{AC}$ で表せ。

(2) 点 P はどのような位置にあるか。

(3) 面積の比 △PBC : △PCA : △PAB を最も簡単な整数の比で表せ。

2 ベクトルの図形への応用　　　　　　　　　　　　　　㊙ p.32〜34

① 　**直線上にある3点**
2点 A, B が異なるとき
3点 A, B, C が一直線上にある　⟺　$\overrightarrow{AC}=k\overrightarrow{AB}$ となる実数 k がある

② **交点の位置ベクトル**　　③ **内積と図形の性質**
1. 2つのベクトル $\vec{a}$, $\vec{b}$ が1次独立（$\vec{a}\neq\vec{0}$, $\vec{b}\neq\vec{0}$, かつ平行でない）であるとき
$$m\vec{a}+n\vec{b}=m'\vec{a}+n'\vec{b} \iff m=m' \text{ かつ } n=n'$$
とくに　$m\vec{a}+n\vec{b}=\vec{0} \iff m=n=0$
2. 線分 AB 上に点 P があるとき，AP：PB$=t：(1-t)$ $(0\leqq t\leqq 1)$ とおける。

□[*]**51** 平行四辺形 ABCD において，辺 CD を 1：3 に内分する点を E，対角線 BD を 4：3 に内分する点を F とする。このとき，3点 A, F, E は一直線上にあることを示せ。また，AF：AE を求めよ。
　　　　　　　　　　　　　　　　　　　　　　　　　　㊙p.32 練習4

□[*]**52** △ABC において，辺 AB を 1：2 に内分する点を D，辺 AC を 2：1 に内分する点を E とし，線分 BE と線分 CD の交点を P とする。$\overrightarrow{AB}=\vec{b}$，$\overrightarrow{AC}=\vec{c}$ とするとき，$\overrightarrow{AP}$ を $\vec{b}$, $\vec{c}$ で表せ。また，CP：PD を求めよ。
　　　　　　　　　　　　　　　　　　　　　　　　　　㊙p.33 練習5

□[*]**53** OA$=3$, OB$=2$, $\cos\angle AOB=\dfrac{1}{3}$ である △OAB において，$\overrightarrow{OA}=\vec{a}$, $\overrightarrow{OB}=\vec{b}$ とする。点 O から直線 AB に垂線 OP を引いたとき，$\overrightarrow{OP}$ を $\vec{a}$, $\vec{b}$ で表せ。
　　　　　　　　　　　　　　　　　　　　　　　　　　㊙p.34 練習6

□**54** △ABC において，辺 AB の中点を P，辺 AC を 2：1 に内分する点を Q，辺 BC を 2：1 に外分する点を R とするとき，3点 P, Q, R は一直線上にあることを示せ。また，PQ：PR を求めよ。
　　　　　　　　　　　　　　　　　　　　　　　　　　（㊙p.32 練習4）

□**55** △OAB において，辺 OA の中点を C，辺 OB を 3：1 に外分する点を D，2：1 に内分する点を E とし，線分 AE と DC の交点を F とする。$\overrightarrow{OA}=\vec{a}$, $\overrightarrow{OB}=\vec{b}$ とするとき，次の問いに答えよ。
　　　　　　　　　　　　　　　　　　　　　　　　　　（㊙p.33 練習5）
(1)　$\overrightarrow{OF}$ を $\vec{a}$, $\vec{b}$ で表せ。
(2)　直線 OF と辺 AB の交点を G とするとき，AG：GB を求めよ。

□ **56** AB=4，AC=1 である △ABC において，辺 BC を 4：1 に内分する点を P，辺 AB を 1：3 に内分する点を Q とおく。$\overrightarrow{AB}=\vec{b}$，$\overrightarrow{AC}=\vec{c}$ とおくとき，次の問いに答えよ。

(1) $\overrightarrow{CQ}$ を $\vec{b}$，$\vec{c}$ で表せ。　　　　　　　　　　　　　（教）p.34 練習 6）

(2) AP⊥CQ であることを証明せよ。

□ **57** 平行四辺形 ABCD において，辺 AB，AD を 2：1 に内分する点をそれぞれ E，F とし，線分 BF と CE の交点を P とする。次の問いに答えよ。

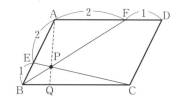

(1) $\overrightarrow{AP}$ を $\overrightarrow{AB}$，$\overrightarrow{AD}$ で表せ。

(2) 直線 AP と辺 BC の交点を Q とおくとき，BQ：QC を求めよ。

□ **58** OA=2，OB=3，∠AOB=60° である △OAB において，点 A から辺 OB に垂線 AC，点 B から辺 OA に垂線 BD を引く。線分 AC と BD の交点を H とするとき，$\overrightarrow{OH}$ を $\overrightarrow{OA}$，$\overrightarrow{OB}$ で表せ。

□ **59** 鋭角三角形 ABC の外心を O，重心を G，辺 BC の中点を M，点 A から辺 BC に引いた垂線上に H を AH=2OM となるようにとる。$\overrightarrow{OA}=\vec{a}$，$\overrightarrow{OB}=\vec{b}$，$\overrightarrow{OC}=\vec{c}$ とおくとき，次の問いに答えよ。

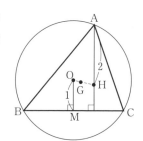

(1) $\overrightarrow{OH}$ を $\vec{a}$，$\vec{b}$，$\vec{c}$ で表せ。

(2) 点 H は △ABC の垂心であることを証明せよ。

(3) 3 点 O，G，H は一直線上にあることを示し，OG：GH を求めよ。

□ **60** △ABC の辺 AB，AC を 3：2 に内分する点をそれぞれ P，Q とし，辺 BC の中点を R とする。このとき，3 直線 AR，BQ，CP は 1 点で交わることを証明せよ。

□ **61** △OAP において，点 P から直線 OA に垂線 PH を引く。$\overrightarrow{OA}=\vec{a}$，$\overrightarrow{OP}=\vec{p}$ とおくと，$\overrightarrow{OH}=\dfrac{\vec{a}\cdot\vec{p}}{|\vec{a}|^2}\vec{a}$ であることを証明せよ。

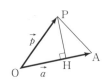

3 ベクトル方程式

教 p.35~41

1 **点 A($\vec{a}$) を通りベクトル $\vec{d}$ に平行な直線**

点 A($\vec{a}$) を通り，ベクトル $\vec{d} \neq \vec{0}$ に平行な直線上の
任意の点を P($\vec{p}$) とすると

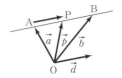

$$\vec{p} = \vec{a} + t\vec{d} \quad (\vec{d} \text{ は直線の方向ベクトル，} t \text{ は実数})$$

A(x_1, y_1)，$\vec{d} = (m, n)$，$\vec{p} = (x, y)$ とすると

$$\begin{cases} x = x_1 + mt \\ y = y_1 + nt \end{cases} \quad (媒介変数表示)$$

2 **2 点 A($\vec{a}$)，B($\vec{b}$) を通る直線**

1. 異なる 2 点 A($\vec{a}$)，B($\vec{b}$) を通る直線のベクトル方程式は
   ① $\vec{p} = (1-t)\vec{a} + t\vec{b}$
   ② $\vec{p} = s\vec{a} + t\vec{b}$ ただし $s + t = 1$

2. 直線上の点 P の存在範囲
   $\overrightarrow{OP} = s\overrightarrow{OA} + t\overrightarrow{OB}$ について，
   ① 点 P が直線 AB 上にある $\iff$ $s + t = 1$
   ② 点 P が線分 AB 上にある $\iff$ $s + t = 1$, $s \geqq 0$, $t \geqq 0$

3 **ベクトル $\vec{n}$ に垂直な直線**

1. 点 A($\vec{a}$) を通り，ベクトル $\vec{n}(\neq \vec{0})$ に垂直な直線上の任意の点を P($\vec{p}$) とすると
   $$\vec{n} \cdot (\vec{p} - \vec{a}) = 0 \quad (\vec{n} \text{ は直線の法線ベクトル})$$

2. 点 A(x_1, y_1) を通り，$\vec{n} = (a, b)$ に垂直な直線の方程式は
   $$a(x - x_1) + b(y - y_1) = 0$$

3. 直線 $ax + by + c = 0$ の法線ベクトルの 1 つは $\vec{n} = (a, b)$

4 **円のベクトル方程式**

1. 点 C($\vec{c}$) を中心とする，半径 r の円：$|\vec{p} - \vec{c}| = r$, $(\vec{p} - \vec{c}) \cdot (\vec{p} - \vec{c}) = r^2$

2. 2 点 A($\vec{a}$)，B($\vec{b}$) を直径の両端とする円：$(\vec{p} - \vec{a}) \cdot (\vec{p} - \vec{b}) = 0$

A

62 次の点 A を通り，方向ベクトルが $\vec{d}$ である直線の媒介変数表示を，媒介変数を t として求めよ。
教 p.36 練習 7

*(1) A(2, 7)，$\vec{d} = (4, 3)$ (2) A(3, -2)，$\vec{d} = (-1, 5)$

*(3) A(-1, 0)，$\vec{d} = (3, -2)$

63 媒介変数表示された次の直線の方程式を，t を用いない式で表せ。
教 p.36

*(1) $\begin{cases} x = -1 + 2t \\ y = -3t \end{cases}$ (2) $\begin{cases} x = 4 + 3t \\ y = -2 + 5t \end{cases}$

☐ **64** 次の2点を通る直線の媒介変数表示を，媒介変数を t として求めよ。 (教)p.38)

(1) A(3, 1), B(5, 4) *(2) A(−1, 4), B(2, 3)

☐ **65** 次の点 A を通り，法線ベクトルが $\vec{n}$ である直線の方程式を求めよ。 (教)p.40 練習9

*(1) A(2, 1), $\vec{n}=(3, 4)$ (2) A(−3, 2), $\vec{n}=(1, -2)$

*(3) A(4, −3), $\vec{n}=(-1, 0)$

☐ **66*** 2直線 $2x-ay-3=0$, $x+(a-1)y+2=0$ をそれぞれ l_1, l_2 とする。ただし，a は実数の定数である。次の問いに答えよ。 (教)p.40 問2

(1) 直線 l_1 の法線ベクトル $\vec{n_1}$ と，直線 l_2 の法線ベクトル $\vec{n_2}$ をそれぞれ1つずつ答えよ。

(2) $l_1 \perp l_2$ が成り立つような a の値を求めよ。

☐ **67** 次の問いに答えよ。 (教)p.41 問3

(1) 2点 O($\vec{0}$), A($\vec{a}$) を直径の両端とする円周上の任意の点を P($\vec{p}$) とすると，この円のベクトル方程式は，$\vec{p}\cdot(\vec{p}-\vec{a})=0$ で表されることを示せ。

*(2) 点 O($\vec{0}$) を中心とする半径 $\sqrt{5}$ の円周上の点を A($\vec{a}$) とし，点 A における接線 l 上の任意の点を P($\vec{p}$) とする。このとき，接線 l のベクトル方程式を求めよ。

B

☐ **68** △OAB に対して $\overrightarrow{OP}=s\overrightarrow{OA}+t\overrightarrow{OB}$ とする。s, t が次の条件を満たすとき，点 P はどのような図形上にあるか図示せよ。 (教)p.39 練習8

*(1) $s+t=\dfrac{1}{2}$ *(2) $s+t=\dfrac{1}{2}$, $s\geqq 0$, $t\geqq 0$

(3) $2s+3t=2$ *(4) $2s+3t=2$, $s\geqq 0$, $t\geqq 0$

☐ **69** 点 A(−3, 4) と直線 $l:2x-3y-8=0$ がある。次の問いに答えよ。

(1) 点 A を通り，直線 l に垂直な直線 m の媒介変数表示を，媒介変数を t として求めよ。 (教)p.36, 40)

(2) 2直線 l, m の交点 H の座標を求めよ。また，線分 AH の長さを求めよ。

☐ **70** 次の2直線のなす角 α を求めよ。ただし，$0° \leqq \alpha \leqq 90°$ とする。 (教)p.40)

*(1) $x+\sqrt{3}y-1=0$, $-\sqrt{2}x+\sqrt{6}y+1=0$

(2) $3x-4y+5=0$, $x+7y-1=0$

□ **71** △OAD に対して，$\overrightarrow{OP}$ は次の方程式で与えられるものとする。実数 s, t が $s+t \leqq 1$, $s \geqq 0$, $t \geqq 0$ を満たすとき，点 P はどのような図形上にあるか図示せよ。

(1) $\overrightarrow{OP}=2s\overrightarrow{OA}+3t\overrightarrow{OB}$

(2) $\overrightarrow{OP}=s\overrightarrow{OA}-\dfrac{1}{2}t\overrightarrow{OB}$

(3) $\overrightarrow{OP}=s(\overrightarrow{OA}+\overrightarrow{OB})+t\overrightarrow{OB}$

(4) $\overrightarrow{OP}=(s+t)\overrightarrow{OA}+(2s-t)\overrightarrow{OB}$

 例題 4

△OAB と任意の点 P があり，$\overrightarrow{OA}=\vec{a}$, $\overrightarrow{OB}=\vec{b}$, $\overrightarrow{OP}=\vec{p}$ とする。次の条件を満たす点 P はどのような図形上にあるか。

(1) $|\vec{p}-\vec{a}|=|\vec{p}-\vec{b}|$

(2) $\vec{p} \cdot (3\vec{p}-\vec{a})=0$

(考え方) 与えられた条件式を，A，B，P などに関する条件式に変形し，図形的な意味を考える。

解答 (1) 与えられた条件式は，$|\overrightarrow{OP}-\overrightarrow{OA}|=|\overrightarrow{OP}-\overrightarrow{OB}|$

より $|\overrightarrow{AP}|=|\overrightarrow{BP}|$

すなわち，AP=BP であるから，点 P は 2 点 A，B から等距離にある。よって，点 P は，

線分 AB の垂直二等分線上にある。 答

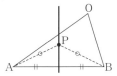

(2) 与えられた条件式は，$\vec{p} \cdot \left(\vec{p}-\dfrac{\vec{a}}{3}\right)=0$ と変形できるから，$\dfrac{\vec{a}}{3}=\overrightarrow{OC}$ となる点 C をとると

$\overrightarrow{OP} \cdot (\overrightarrow{OP}-\overrightarrow{OC})=0$ より $\overrightarrow{OP} \cdot \overrightarrow{CP}=0$

よって，$\overrightarrow{OP} \perp \overrightarrow{CP}$ または $\overrightarrow{OP}=\vec{0}$ または $\overrightarrow{CP}=\vec{0}$

すなわち，点 P は点 O または C に一致するか，または ∠OPC=90° を満たす点である。

ゆえに，点 P は，**辺 OA を 1:2 に内分する点を C とすると，線分 OC を直径とする円上**にある。 答

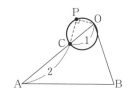

□ **72** △OAB と任意の点 P があり，$\overrightarrow{OA}=\vec{a}$, $\overrightarrow{OB}=\vec{b}$, $\overrightarrow{OP}=\vec{p}$ とする。次の条件を満たす点 P はどのような図形上にあるか。

(1) $|\vec{p}-\vec{a}|=|\vec{p}+\vec{a}|$

(2) $(\vec{p}+\vec{a}) \cdot (2\vec{p}-\vec{b})=0$

(3) $\vec{b} \cdot (2\vec{p}-\vec{a})=0$

(4) $2\vec{a} \cdot \vec{p}=|\vec{a}||\vec{p}|$

□ **73** 原点 O と △ABC に対し，次の等式を満たす点 P は円上にある。これらのベクトル方程式はどのような円を表すか。

(1) $|2\overrightarrow{OP}-\overrightarrow{OA}|=5$

(2) $|2\overrightarrow{OA}+\overrightarrow{OB}-3\overrightarrow{OP}|=6$

(3) $|\overrightarrow{PA}+\overrightarrow{PB}+\overrightarrow{PC}|=3$

研究 斜交座標 教 p.43

▶直交座標……(x, y) 座標

x 軸，y 軸方向の基本ベクトルをそれぞれ $\vec{e_1}$, $\vec{e_2}$ とすると，

$$\vec{p} = x\vec{e_1} + y\vec{e_2} \quad \cdots\cdots①$$

で表される点 $P(\vec{p})$ は，下の図のように $\vec{e_1}$ と $\vec{e_2}$ で定まる正方形を基本とする平面上での座標が (x, y) で表される点に対応している。

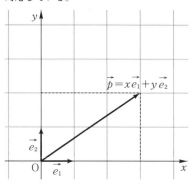

$$\vec{p} = x\vec{e_1} + y\vec{e_2}$$
$$= x(1, 0) + y(0, 1) = (x, y)$$

すなわち

$$\vec{p} = x\vec{e_1} + y\vec{e_2} \iff P(x, y)$$

▶斜交座標……(s, t) 座標

座標平面上にともに $\vec{0}$ でなく，かつ平行でない2つのベクトル $\vec{a}, \vec{b}$ が与えられて，

$$\vec{p} = s\vec{a} + t\vec{b} \quad \cdots\cdots②$$

で表されるベクトル $\vec{p}$ の終点 $P(\vec{p})$ は，下の図のように $\vec{a}, \vec{b}$ で定まる平行四辺形を基本とする斜交座標を考えると，座標が (s, t) で表される点に対応している。

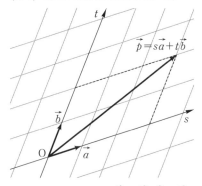

すなわち，②において $\vec{a}$ を $\vec{e_1}$, $\vec{b}$ を $\vec{e_2}$ とみなして，直交座標（①）と同様にベクトル $\vec{p}$ の終点 P の位置を考えることができる。

$$\vec{p} = s\vec{a} + t\vec{b} \iff P(s, t)$$

B

□ **74** 下の図の3点 O，A，B に対して，$\overrightarrow{OP} = s\overrightarrow{OA} + t\overrightarrow{OB}$ とする。s, t が次の条件を満たすとき，点 P はどのような図形上にあるか図示せよ。 教 p.43 演習 1

(1) $s = t = 2$

(2) $-s + t = 1$, $s \leqq 0$, $t \geqq 0$

(3) $1 \leqq s + t \leqq 3$, $s \geqq 0$, $t \geqq 0$

(4) $0 \leqq s \leqq 1$, $0 \leqq t \leqq 2$

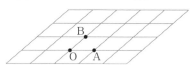

3節　空間のベクトル

1　空間における直線と平面
教 p.44〜45

▶**平面の決定条件**

次のものを含む平面はただ1つ定まる。

[1]　1直線上にない3点　　　　　　[2]　1直線とその直線上にない1点

[3]　交わる2直線　　　　　　　　 [4]　平行な2直線

▶**直線と平面の位置関係**

1. 異なる2直線

    [1]　1点で交わる　　　　[2]　平行　　　[3]　ねじれの位置

    （注意）　[1]，[2]の場合，2直線は同一平面上にあり，

    　　　　　[3]の場合，2直線は同一平面上にはない。

2. 直線と平面

    [1]　平行　　　[2]　1点で交わる　　　[3]　直線が平面上にある

3. 異なる2平面

    [1]　平行　　　[2]　1直線（交線）で交わる

▶**直線と平面の垂直**

直線 l が平面 α 上の交わる2直線 m，n のそれぞれ
と垂直ならば，直線 l は平面 α に垂直である。

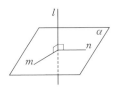

□ **75**　右の図のような立方体 ABCD−EFGH において，
次の問いに答えよ。　教 p.44, 45

*(1)　直線 BH とねじれの位置にある辺をすべていえ。

(2)　次の2直線のなす角 θ を求めよ。ただし，
$0 \leqq \theta \leqq 90°$ とする。

　*①　BD と CG　　　*②　AD と BG

　③　DE と BG　　　④　AF と BG

□ ***76**　四角推 A−BCDE において，AB＝AC＝AD＝AE
であり，四角形 BCDE は正方形である。
対角線 BD と CE の交点を F とするとき，次の問い
に答えよ。　教 p.44, 45

(1)　対角線 BD は平面 AEF に垂直であることを示せ。

(2)　AE⊥BD であることを示せ。

022

2 空間の座標

1 空間の座標

x 軸と y 軸で定まる平面を xy 平面，y 軸と z 軸で定まる平面を yz 平面，
z 軸と x 軸で定まる平面を zx 平面 という。これらを合わせて 座標平面 という。
点 P から x 軸，y 軸，z 軸に下ろした垂線 PA，PB，PC について，3 点 A，B，C の座標軸
上での座標がそれぞれ a，b，c であるとき，3 つの実数の組 (a, b, c) を点 P の 座標 といい，
P(a, b, c) と表す。

2 座標平面に平行な平面

点 P(a, b, c) を通り，xy 平面，yz 平面，zx 平面に平行な平面の方程式はそれぞれ
$$z=c, \quad x=a, \quad y=b$$

3 2 点間の距離

2 点 A(a_1, a_2, a_3)，B(b_1, b_2, b_3) 間の距離は $AB=\sqrt{(b_1-a_1)^2+(b_2-a_2)^2+(b_3-a_3)^2}$
とくに，原点 O と点 A 間の距離は $OA=\sqrt{a_1{}^2+a_2{}^2+a_3{}^2}$

A

77 次の平面，直線，点に関して，点 P $(2, 1, -4)$ と対称な点の座標を求めよ。

*(1) xy 平面 　　(2) yz 平面 　　*(3) zx 平面 　　教 p.47 練習 1

(4) x 軸 　　*(5) y 軸 　　(6) z 軸 　　*(7) 原点

78 点 P$(-3, 2, -6)$ を通り，次の平面にそれぞれ平行な平面の方程式を求めよ。

(1) xy 平面 　　*(2) yz 平面 　　*(3) zx 平面 　　教 p.47 練習 2

79 次の 2 点間の距離を求めよ。 　　教 p.48 練習 3

*(1) O$(0, 0, 0)$，A$(3, 4, -5)$ 　　*(2) A$(-2, 0, -1)$，B$(4, 3, -7)$

(3) A$(5, -7, 4)$，B$(-2, 1, 6)$

80 次の 3 点を頂点とする △ABC はどのような形の三角形か。 　　教 p.48 練習 4

(1) A$(1, 0, -2)$，B$(2, 1, 0)$，C$(3, -1, 1)$

*(2) A$(2, 1, -4)$，B$(5, -1, 0)$，C$(4, 2, -5)$

B

81 2 点 A$(1, -2, -4)$，B$(5, -1, -2)$ から等距離にある z 軸上の点 P の座標を
求めよ。 　　(教 p.48 練習 3)

82 3 点 A$(0, 1, 0)$，B$(0, 3, -2)$，C$(2, 1, -2)$ がある。 　　(教 p.48 練習 4)

(1) △ABC は正三角形であることを示せ。

*(2) 四面体 ABCD が正四面体になるような点 D の座標を求めよ。

3 空間のベクトル

1 空間のベクトル

平面上のベクトルと同じように考える。

- $\vec{a}+\vec{b}=\vec{b}+\vec{a}$, $(\vec{a}+\vec{b})+\vec{c}=\vec{a}+(\vec{b}+\vec{c})$, $\vec{a}+(-\vec{a})=(-\vec{a})+\vec{a}=\vec{0}$, $\vec{a}+\vec{0}=\vec{0}+\vec{a}=\vec{a}$
- k, l を実数とするとき

$$(kl)\vec{a}=k(l\vec{a}),\ (k+l)\vec{a}=k\vec{a}+l\vec{a},\ k(\vec{a}+\vec{b})=k\vec{a}+k\vec{b}$$

- $\vec{a}\neq\vec{0}$, $\vec{b}\neq\vec{0}$ のとき, $\vec{a}\,/\!/\,\vec{b}\iff\vec{b}=k\vec{a}$ となる実数 k がある。
- $\overrightarrow{AB}+\overrightarrow{BC}=\overrightarrow{AC}$, $\overrightarrow{OA}-\overrightarrow{OB}=\overrightarrow{BA}$, $\overrightarrow{AA}=\vec{0}$, $\overrightarrow{BA}=-\overrightarrow{AB}$

2 ベクトルの分解

- $\vec{0}$ でない 3 つのベクトル $\vec{a}$, $\vec{b}$, $\vec{c}$ において, $\overrightarrow{OA}=\vec{a}$, $\overrightarrow{OB}=\vec{b}$, $\overrightarrow{OC}=\vec{c}$ となる 4 点 O, A, B, C が同一平面上にないとき, 任意のベクトル $\vec{p}$ は

$$\vec{p}=s\vec{a}+t\vec{b}+u\vec{c}\ (s,\ t,\ u\ は実数)\ の形にただ 1 通りに表すことができる。$$

さらに $s\vec{a}+t\vec{b}+u\vec{c}=s'\vec{a}+t'\vec{b}+u'\vec{c}\iff s=s'$ かつ $t=t'$ かつ $u=u'$

とくに $s\vec{a}+t\vec{b}+u\vec{c}=\vec{0}\iff s=t=u=0$

3 ベクトルの成分表示

$\vec{e_1}=(1,\ 0,\ 0)$, $\vec{e_2}=(0,\ 1,\ 0)$, $\vec{e_3}=(0,\ 0,\ 1)$ とする。

$\vec{a}=a_1\vec{e_1}+a_2\vec{e_2}+a_3\vec{e_3}$ (基本ベクトル表示), $\vec{a}=(a_1,\ a_2,\ a_3)$ (成分表示)

$\vec{a}=(a_1,\ a_2,\ a_3)$, $\vec{b}=(b_1,\ b_2,\ b_3)$ のとき

$\vec{a}=\vec{b}\iff a_1=b_1,\ a_2=b_2,\ a_3=b_3$

$|\vec{a}|=\sqrt{a_1{}^2+a_2{}^2+a_3{}^2}$

$\vec{a}+\vec{b}=(a_1,\ a_2,\ a_3)+(b_1,\ b_2,\ b_3)=(a_1+b_1,\ a_2+b_2,\ a_3+b_3)$

$\vec{a}-\vec{b}=(a_1,\ a_2,\ a_3)-(b_1,\ b_2,\ b_3)=(a_1-b_1,\ a_2-b_2,\ a_3-b_3)$

k を実数とするとき $k\vec{a}=k(a_1,\ a_2,\ a_3)=(ka_1,\ ka_2,\ ka_3)$

4 $\overrightarrow{AB}$ の成分と大きさ

2 点 A$(a_1,\ a_2,\ a_3)$, B$(b_1,\ b_2,\ b_3)$ について,

$$\overrightarrow{AB}=(b_1-a_1,\ b_2-a_2,\ b_3-a_3),\ |\overrightarrow{AB}|=\sqrt{(b_1-a_1)^2+(b_2-a_2)^2+(b_3-a_3)^2}$$

□ **83** 平行六面体 ABCD−EFGH において, $\overrightarrow{AB}=\vec{a}$, $\overrightarrow{AD}=\vec{b}$, $\overrightarrow{AE}=\vec{c}$ とするとき, 次のベクトルを $\vec{a}$, $\vec{b}$, $\vec{c}$ で表せ。 教 p.50 練習 5

*(1) $\overrightarrow{AH}$ (2) $\overrightarrow{HC}$ *(3) $\overrightarrow{HF}$

*(4) $\overrightarrow{EC}$ (5) $\overrightarrow{GA}$

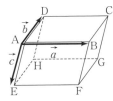

□ **84** 四面体 OABC において辺 OA, OC, BC の中点をそれぞれ K, L, M とする。
$\overrightarrow{OA}=\vec{a}$, $\overrightarrow{OB}=\vec{b}$, $\overrightarrow{OC}=\vec{c}$ として次のベクトルを $\vec{a}$, $\vec{b}$, $\vec{c}$ で表せ。 教p.50 練習 6

*(1) $\overrightarrow{AC}$　　　　　　*(2) $\overrightarrow{LK}$　　　　　　*(3) $\overrightarrow{OM}$

(4) $\overrightarrow{LM}$　　　　　　(5) $\overrightarrow{KM}$

□ **85** OA=5, OC=3, OD=2 である直方体 OABC−DEFG
において, 辺 OA, OC, OD 上にそれぞれ点 P, Q, R
を OP=OQ=OR=1 となるようにとる。
$\overrightarrow{OP}=\vec{p}$, $\overrightarrow{OQ}=\vec{q}$, $\overrightarrow{OR}=\vec{r}$ とするとき, 次のベクトルを
$\vec{p}$, $\vec{q}$, $\vec{r}$ で表せ。 教p.51 練習 7

(1) $\overrightarrow{OE}$　　　　　　*(2) $\overrightarrow{FA}$

*(3) $\overrightarrow{OF}$　　　　　　(4) $\overrightarrow{BD}$

□* **86** 原点 O と点 A(3, −2, −8), 点 B(3, −1, z) について, 次の問いに答えよ。

(1) $\overrightarrow{OA}$ を基本ベクトル $\vec{e_1}$, $\vec{e_2}$, $\vec{e_3}$ で表せ。 教p.53 練習 8

(2) $\overrightarrow{OA}$ を成分で表し, $|\overrightarrow{OA}|$ を求めよ。

(3) $|\overrightarrow{OB}|=4$ であるとき, z の値を求めよ。

□ **87** $\vec{a}=(2, 1, -3)$, $\vec{b}=(-3, 0, 2)$, $\vec{c}=(8, 1, -1)$ について, 次のベクトルを成分で
表し, その大きさを求めよ。 教p.53 練習 9

*(1) $-2\vec{a}$　　　　　(2) $\vec{b}+\vec{c}$　　　　　*(3) $2\vec{a}-\vec{b}$

(4) $\vec{a}-3\vec{b}-2\vec{c}$　　　　*(5) $3(\vec{b}-\vec{c})-2(\vec{a}-2\vec{c})$

□* **88** $\vec{a}=(t+1, 2t-1, -3t+2)$ の大きさが最小となるときの t の値を求めよ。また,
そのときの $\vec{a}$ の大きさを求めよ。 教p.53 練習 10

□ **89** 4 点 O(0, 0, 0), A(2, 1, −2), B(−3, 0, 5), C($-\sqrt{6}$, 3, $-\sqrt{6}$) について,
次のベクトルを成分で表し, その大きさを求めよ。 教p.54 練習 11

*(1) $\overrightarrow{OA}$　　　　　　(2) $\overrightarrow{BO}$

*(3) $\overrightarrow{AB}$　　　　　　(4) $\overrightarrow{CA}$

□* **90** $\vec{a}=(-1, 6, 3)$, $\vec{b}=(x, y, -2)$ のとき, $\vec{a}\,/\!/\,\vec{b}$ となるように x, y の値を定めよ。

教p.54 練習 12

□ **91** 3点 A$(-1,\ 2,\ 1)$, B$(4,\ -5,\ 3)$, C$(7,\ 0,\ -2)$ がある。次の条件を満たす点 D の座標を求めよ。　㉙p.55 練習13

　*(1)　四角形 ABCD が平行四辺形

　(2)　四角形 ADBC が平行四辺形

□* **92** $\vec{a}=(2,\ -3,\ 6)$, $\vec{b}=(1,\ -1,\ 2)$ について，次のベクトルをそれぞれ成分で表せ。

　(1)　$\vec{a}$ と同じ向きの単位ベクトル　㉙p.55 練習14

　(2)　$\vec{b}$ と反対向きの単位ベクトル

□ **93** $\vec{a}=(4,\ -1,\ 2)$, $\vec{b}=(3,\ 2,\ -1)$, $\vec{c}=(-1,\ 0,\ 2)$ のとき，次のベクトル $\vec{p}$ を $s\vec{a}+t\vec{b}+u\vec{c}$ の形で表せ。　㉙p.55 練習15

　*(1)　$\vec{p}=(-2,\ 4,\ -11)$ 　　　　(2)　$\vec{p}=(13,\ -2,\ -6)$

□ **94** 平行六面体 ABCD−EFGH において，$\overrightarrow{AC}=\vec{p}$, $\overrightarrow{AF}=\vec{q}$, $\overrightarrow{AH}=\vec{r}$ とするとき，$\overrightarrow{AB}$, $\overrightarrow{AD}$, $\overrightarrow{AE}$ をそれぞれ $\vec{p}$, $\vec{q}$, $\vec{r}$ を用いて表せ。　(㉙p.51 練習7)

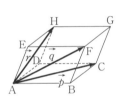

□* **95** $\vec{a}=(1,\ 2,\ 2)$, $\vec{b}=(2,\ 1,\ -1)$, $\vec{c}=\vec{a}+t\vec{b}$ (t は実数) とするとき，$|\vec{c}|$ の最小値を求めよ。また，そのときの $\vec{c}$ を成分で表せ。　(㉙p.53 練習10)

□ **96** $\vec{a}=(x,\ y,\ z)$, $\vec{b}=(1,\ 5,\ -4)$, $\vec{c}=(2,\ -1,\ 1)$ について，$(\vec{a}-\vec{b})\ /\!/\ \vec{c}$ かつ $|\vec{a}|=3\sqrt{6}$ を満たす $x,\ y,\ z$ の値を求めよ。　(㉙p.54 練習12)

□* **97** 4点 A$(2,\ -1,\ 1)$, B$(4,\ -3,\ 2)$, C$(-1,\ 1,\ 4)$, D$(5,\ 2,\ -5)$ がある。AB, AC, AD を3辺とする平行六面体の他の4頂点の座標を求めよ。　(㉙p.55 練習13)

□ **98** 原点 O と3点 A$(1,\ 1,\ 0)$, B$(1,\ -3,\ 1)$, C$(3,\ 1,\ 5)$ がある。このとき，$x\overrightarrow{OA}+y\overrightarrow{OB}+\overrightarrow{OC}$ の大きさの最小値を求めよ。また，そのときの実数 $x,\ y$ の値を求めよ。

4 ベクトルの内積

教 p.56〜58

1 **ベクトルの内積**

1. 内積の定義

$\vec{0}$ でない 2 つの空間ベクトル $\vec{a}$ と $\vec{b}$ のなす角が θ $(0°\leqq\theta\leqq180°)$ であるとき

$$\vec{a}\cdot\vec{b}=|\vec{a}||\vec{b}|\cos\theta$$

$\vec{a}=\vec{0}$ または $\vec{b}=\vec{0}$ のときは，$\vec{a}\cdot\vec{b}=0$ と定める。

2. 内積と成分

$\vec{a}=(a_1,\ a_2,\ a_3),\ \vec{b}=(b_1,\ b_2,\ b_3)$ について

$$\vec{a}\cdot\vec{b}=a_1b_1+a_2b_2+a_3b_3$$

以下，$\vec{a}\neq\vec{0},\ \vec{b}\neq\vec{0}$ とし，$\vec{a},\ \vec{b}$ のなす角を θ とすると，

$$\cos\theta=\frac{\vec{a}\cdot\vec{b}}{|\vec{a}||\vec{b}|}=\frac{a_1b_1+a_2b_2+a_3b_3}{\sqrt{a_1{}^2+a_2{}^2+a_3{}^2}\cdot\sqrt{b_1{}^2+b_2{}^2+b_3{}^2}}\quad(0°\leqq\theta\leqq180°)$$

$$\vec{a}\perp\vec{b}\iff\vec{a}\cdot\vec{b}=0\iff a_1b_1+a_2b_2+a_3b_3=0$$

3. 内積の性質

$\vec{a}\cdot\vec{b}=\vec{b}\cdot\vec{a},\qquad\vec{a}\cdot\vec{a}=|\vec{a}|^2$

$\vec{a}\cdot(\vec{b}+\vec{c})=\vec{a}\cdot\vec{b}+\vec{a}\cdot\vec{c},\qquad(\vec{a}+\vec{b})\cdot\vec{c}=\vec{a}\cdot\vec{c}+\vec{b}\cdot\vec{c}$

$(k\vec{a})\cdot\vec{b}=\vec{a}\cdot(k\vec{b})=k(\vec{a}\cdot\vec{b})\quad(k\ \text{は実数})$

2 **2 つのベクトルに垂直なベクトル**

$\vec{0}$ でない 2 つのベクトル $\vec{a},\ \vec{b}$ の両方に垂直なベクトル $\vec{p}$ について

$$\vec{p}\perp\vec{a}\ \text{かつ}\ \vec{p}\perp\vec{b}\iff\vec{p}\cdot\vec{a}=0\ \text{かつ}\ \vec{p}\cdot\vec{b}=0$$

A

□ **99** 1 辺の長さが 3 の立方体 ABCD−EFGH において，

次の内積を求めよ。　教 p.56 練習 16

(1) $\overrightarrow{AD}\cdot\overrightarrow{AE}$　　*(2) $\overrightarrow{AC}\cdot\overrightarrow{EF}$　　*(3) $\overrightarrow{AB}\cdot\overrightarrow{GD}$

*(4) $\overrightarrow{AC}\cdot\overrightarrow{GE}$　　*(5) $\overrightarrow{AH}\cdot\overrightarrow{AF}$

(6) $\overrightarrow{DE}\cdot\overrightarrow{EG}$　　(7) $\overrightarrow{AC}\cdot\overrightarrow{FH}$

□ **100** 次の 2 つのベクトル $\vec{a}$ と $\vec{b}$ の内積を求めよ。　教 p.56 練習 17

*(1) $\vec{a}=(4,\ -1,\ 2),\ \vec{b}=(2,\ 3,\ -1)$

(2) $\vec{a}=(-7,\ 2,\ 4),\ \vec{b}=(2,\ 1,\ 3)$

*(3) $\vec{a}=(\sqrt{2},\ 1,\ -\sqrt{6}),\ \vec{b}=(3,\ -\sqrt{2},\ \sqrt{3})$

□ **101** 次の 2 つのベクトル $\vec{a}$ と $\vec{b}$ のなす角 θ を求めよ。　教 p.57 練習 18

*(1) $\vec{a}=(2,\ -1,\ 3),\ \vec{b}=(5,\ -2,\ -4)$

*(2) $\vec{a}=(-1,\ 1,\ 0),\ \vec{b}=(1,\ -2,\ 1)$

(3) $\vec{a}=(3,\ 4,\ -5),\ \vec{b}=(1,\ -2,\ 2)$

□ *102 2つのベクトル $\vec{a}=(-2,\ 5,\ 3)$, $\vec{b}=(-1,\ 1,\ 1)$ の両方に垂直で, 大きさが $2\sqrt{7}$ の
ベクトル $\vec{p}$ を求めよ。 教 p.58 練習19

◀ **B** ▶

□ 103 1辺の長さが1の正四面体 OABC において, 辺 AB の中点を M, 辺 BC を 2:1 に
内分する点を N とし, $\overrightarrow{OA}=\vec{a}$, $\overrightarrow{OB}=\vec{b}$, $\overrightarrow{OC}=\vec{c}$ とする。 (教 p.56 練習16)
(1) 内積 $\vec{a}\cdot\vec{b}$, $\vec{b}\cdot\vec{c}$, $\vec{c}\cdot\vec{a}$ をそれぞれ求めよ。
(2) 内積 $\overrightarrow{OM}\cdot\overrightarrow{ON}$ を求めよ。

□ 104 $\vec{a}=(\sqrt{3},\ 0,\ -1)$ が x 軸, y 軸, z 軸の正の向きとなす角をそれぞれ α, β, γ と
するとき, $\cos\alpha$, $\cos\beta$, $\cos\gamma$ の値を求めよ。 (教 p.57 練習18)

◀ **C** ▶

例題 5

3点 $A(-1,\ 2,\ 4)$, $B(2,\ 0,\ 3)$, $C(0,\ 1,\ 3)$ がある。
(1) 2つのベクトル $\overrightarrow{AB}$, $\overrightarrow{AC}$ のなす角を θ とするとき, $\cos\theta$ の値を求めよ。
(2) $\triangle ABC$ の面積 S を求めよ。

〈考え方〉(2) $S=\dfrac{1}{2}|\overrightarrow{AB}||\overrightarrow{AC}|\sin\theta$ を利用する。

解答 (1) $\overrightarrow{AB}=(3,\ -2,\ -1)$, $\overrightarrow{AC}=(1,\ -1,\ -1)$ であるから,

$$\cos\theta=\frac{\overrightarrow{AB}\cdot\overrightarrow{AC}}{|\overrightarrow{AB}||\overrightarrow{AC}|}=\frac{3\times1+(-2)\times(-1)+(-1)\times(-1)}{\sqrt{3^2+(-2)^2+(-1)^2}\sqrt{1^2+(-1)^2+(-1)^2}}$$

$$=\frac{6}{\sqrt{42}}=\frac{\sqrt{42}}{7} \quad 答$$

(2) $\sin\theta>0$ であるから

$$\sin\theta=\sqrt{1-\cos^2\theta}=\sqrt{1-\frac{42}{49}}=\frac{1}{\sqrt{7}}$$

よって $S=\dfrac{1}{2}|\overrightarrow{AB}||\overrightarrow{AC}|\sin\theta=\dfrac{1}{2}\times\sqrt{14}\times\sqrt{3}\times\dfrac{1}{\sqrt{7}}=\dfrac{\sqrt{6}}{2}$ 答

別解 $S=\dfrac{1}{2}\sqrt{|\overrightarrow{AB}|^2|\overrightarrow{AC}|^2-(\overrightarrow{AB}\cdot\overrightarrow{AC})^2}=\dfrac{1}{2}\sqrt{(\sqrt{14})^2\times(\sqrt{3})^2-6^2}=\dfrac{\sqrt{6}}{2}$ 答

□ 105 次の3点を頂点とする $\triangle ABC$ の面積を求めよ。
(1) $A(4,\ 0,\ 2)$, $B(4,\ 2,\ 1)$, $C(1,\ 2,\ 2)$
(2) $A(1,\ 2,\ 1)$, $B(2,\ 1,\ 2)$, $C(2,\ 2+\sqrt{6},\ 0)$

5 位置ベクトル ⊗p.59〜60

2点 A$(\vec{a})$, B$(\vec{b})$ に対して $\overrightarrow{AB}=\vec{b}-\vec{a}$

1 **内分点・外分点の位置ベクトル**

1. 2点 A$(\vec{a})$, B$(\vec{b})$ に対して，線分 AB を $m:n$ に内分，外分する点をそれぞれ P$(\vec{p})$, Q$(\vec{q})$ とすると

$$\vec{p}=\frac{n\vec{a}+m\vec{b}}{m+n}, \quad \vec{q}=\frac{-n\vec{a}+m\vec{b}}{m-n}$$

とくに線分 AB の中点 M の位置ベクトル $\vec{m}$ は $\vec{m}=\dfrac{\vec{a}+\vec{b}}{2}$

2. 3点 A$(\vec{a})$, B$(\vec{b})$, C$(\vec{c})$ を頂点とする △ABC の重心 G の位置ベクトル $\vec{g}$ は

$$\vec{g}=\frac{\vec{a}+\vec{b}+\vec{c}}{3}$$

2 **内分点・外分点の座標**

座標空間の3点 A(x_1, y_1, z_1), B(x_2, y_2, z_2), C(x_3, y_3, z_3) について，

線分 AB を $m:n$ に内分する点の座標は $\left(\dfrac{nx_1+mx_2}{m+n}, \dfrac{ny_1+my_2}{m+n}, \dfrac{nz_1+mz_2}{m+n}\right)$

線分 AB を $m:n$ に外分する点の座標は $\left(\dfrac{-nx_1+mx_2}{m-n}, \dfrac{-ny_1+my_2}{m-n}, \dfrac{-nz_1+mz_2}{m-n}\right)$

△ABC の重心の座標は $\left(\dfrac{x_1+x_2+x_3}{3}, \dfrac{y_1+y_2+y_3}{3}, \dfrac{z_1+z_2+z_3}{3}\right)$

A

□*106 2点 A$(4, 2, 9)$, B$(-6, 7, -1)$ を結ぶ線分 AB について，次の各点の座標を求めよ。 ⊗p.60練習20

(1) 線分 AB の中点 M　　　(2) 線分 AB を $3:2$ に内分する点 P

(3) 線分 AB を $2:3$ に外分する点 Q

□*107 3点 A$(-3, 5, 1)$, B$(1, -3, -7)$, C$(-4, 2, 6)$ について，△ABC の重心の座標を求めよ。 ⊗p.60練習21

B

□108 A$(2, 1, -3)$, P$(-1, 3, 2)$ がある。 (⊗p.60練習20)

*(1) 点 A に関して点 P と対称な点 Q の座標を求めよ。

(2) 線分 AR を $2:1$ に内分する点が P であるように点 R の座標を定めよ。

6 空間の図形 教 p.61〜67

1 **一直線上にある3点**

2点 A, B が異なるとき

3点 A, B, C が一直線上にある $\iff$ $\overrightarrow{AC}=k\overrightarrow{AB}$ となる実数 k がある

2 **直線上の点の表し方**

異なる2点 A, B を通る直線 l 上の任意の点を P としたとき

$$\overrightarrow{OP}=\overrightarrow{OA}+t\overrightarrow{AB} \quad (t \text{ は実数})$$

3 **同じ平面上にある点**

一直線上にない3点 A, B, C で定まる平面を α とする。

点 P が平面 α 上にある $\iff$ $\overrightarrow{AP}=m\overrightarrow{AB}+n\overrightarrow{AC}$ となる実数 m, n がある

[発展] 3点を含む平面上の点の位置ベクトル

一直線上にない3点 A, B, C によって定められる平面 ABC 上に点 P がある

$\iff$ $\overrightarrow{AP}=m\overrightarrow{AB}+n\overrightarrow{AC} \quad (m, n \text{ は実数})$

$\iff$ $\overrightarrow{OP}=s\overrightarrow{OA}+t\overrightarrow{OB}+u\overrightarrow{OC} \quad (s+t+u=1)$

□**109** 四面体 OABC において，辺 OA を $1:2$ に内分する点を P，辺 BC の中点を M，線分 PM を $2:3$ に内分する点を Q，△ABC の重心を G とするとき，3点 O, Q, G は一直線上にあることを証明せよ。 教 p.61 練習 22

□**110** 2点 A$(1, -3, 4)$，B$(3, -6, 3)$ を通る直線 l に，原点 O から垂線 OH を下ろしたとき，次の問いに答えよ。 教 p.62 問 1, 練習 23

(1) 点 H の座標を求めよ。

(2) △OAB の面積を求めよ。

□**111** 3点 A$(-2, 5, 3)$，B$(-1, 0, 4)$，C$(-4, 2, 6)$ によって定められる平面上に点 P$(8, y, -2)$ があるとき，y の値を求めよ。 教 p.63 練習 24

□**112** 四面体 OABC において，辺 AB を $2:3$ に内分する点を D，辺 OC を $1:2$ に内分する点を E，線分 DE を $3:5$ に内分する点を F とし，直線 OF と平面 ABC の交点を P とする。このとき，$\overrightarrow{OP}$ を $\overrightarrow{OA}$, $\overrightarrow{OB}$, $\overrightarrow{OC}$ で表せ。 教 p.64 練習 25

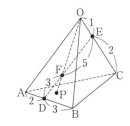

☐ **113** 線分 OA, OB, OC を3辺とする平行六面体 OADB−EFG において, $\overrightarrow{OA}=\vec{a}$, $\overrightarrow{OB}=\vec{b}$, $\overrightarrow{OC}=\vec{c}$ とし, △ABC の重心を H とする。また, 辺 OC, CE, EF の中点をそれぞれ I, J, K とする。 ㊵p.61 練習22

(1) 線分 HF を 1:3 に内分する点を P とするとき, PK∥IJ であることを示せ。

(2) 3点 I, H, D は一直線上にあることを証明し, IH:HD を求めよ。

☐ **114** 2点 A(1, 4, −4), B(7, 1, 2) を通る直線 l に点 P(1, 7, 2) から垂線 PH を下ろしたとき, 次の問いに答えよ。 ㊵p.62 練習23

(1) 点 H の座標を求めよ。

(2) 線分 PH の長さを求めよ。また, AH:HB を求めよ。

☐ ***115** 4点 A(0, 0, 2), B(2, −2, 3), C(t, −1, 4), D(3, t, 1) が同じ平面上にあるように, 定数 t の値を求めよ。 ㊵p.63 練習24

☐ **116** 線分 OA, OB, OC を3辺とする平行六面体 OADB−CEFG において, 辺 OB の中点を M, 辺 DF を 3:1 に内分する点を N とし, $\overrightarrow{OA}=\vec{a}$, $\overrightarrow{OB}=\vec{b}$, $\overrightarrow{OC}=\vec{c}$ とする。直線 ON と平面 AMC の交点を P とするとき, $\overrightarrow{OP}$ を $\vec{a}$, $\vec{b}$, $\vec{c}$ で表せ。 ㊵p.64 練習25

☐ **117** 四面体 OABC において, 辺 OA, BC を 1:2 に内分する点をそれぞれ D, E とし, 線分 DE を 1:4 に内分する点を F とする。直線 AF が平面 OBC と交わる点を G とし, $\overrightarrow{OA}=\vec{a}$, $\overrightarrow{OB}=\vec{b}$, $\overrightarrow{OC}=\vec{c}$ とする。

(1) $\overrightarrow{OF}$ を $\vec{a}$, $\vec{b}$, $\vec{c}$ を用いて表せ。

(2) $\overrightarrow{OG}$ を $\vec{b}$, $\vec{c}$ を用いて表せ。

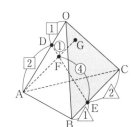

☐ **118** O を原点とする座標空間内に, 3辺を OA, OB, OC とする1辺が a の立方体 OADB−CEFG があり, 辺 OA, OB, OC はそれぞれ x 軸, y 軸, z 軸上に置かれている。

(1) 内積 $\overrightarrow{AG}\cdot\overrightarrow{DC}$ を求めよ。

(2) $\overrightarrow{AG}$, $\overrightarrow{DC}$ のなす角を θ とするとき, $\cos\theta$ の値を求めよ。

例題 6

3点 A$(0, 2, -5)$, B$(-2, 0, -5)$, C$(-3, 1, -1)$ が定める平面 α に原点 O から垂線 OH を下ろすとき，点 H の座標と線分 OH の長さを求めよ。

〈考え方〉点 H は3点 A, B, C の定める平面上にあるから，実数 s, t を用いて $\overrightarrow{AH}$ を表し，$\overrightarrow{OH} \perp$ 平面 α より，$\overrightarrow{OH} \perp \overrightarrow{AB}$, $\overrightarrow{OH} \perp \overrightarrow{AC}$ から s, t の値を求める。

解答 点 H は平面 α 上にあるから，$\overrightarrow{AH} = s\overrightarrow{AB} + t\overrightarrow{AC}$（$s$, t は実数）とおける。

$$\overrightarrow{OH} = \overrightarrow{OA} + \overrightarrow{AH} = \overrightarrow{OA} + s\overrightarrow{AB} + t\overrightarrow{AC}$$
$$= (0, 2, -5) + s(-2, -2, 0) + t(-3, -1, 4)$$
$$= (-2s - 3t, -2s - t + 2, 4t - 5)$$

ここで，$\overrightarrow{OH} \perp$ 平面 α より，$\overrightarrow{OH} \perp \overrightarrow{AB}$, $\overrightarrow{OH} \perp \overrightarrow{AC}$ である。

$\overrightarrow{OH} \cdot \overrightarrow{AB} = 0$ から $-2(-2s - 3t) - 2(-2s - t + 2) = 0$

すなわち $2s + 2t = 1$ ……①

$\overrightarrow{OH} \cdot \overrightarrow{AC} = 0$ から $-3(-2s - 3t) - (-2s - t + 2) + 4(4t - 5) = 0$

すなわち $4s + 13t = 11$ ……②

①，②を解いて $s = -\dfrac{1}{2}$, $t = 1$

よって $\overrightarrow{OH} = (-2, 2, -1)$, $|\overrightarrow{OH}| = \sqrt{(-2)^2 + 2^2 + (-1)^2} = 3$

であるから **H$(-2, 2, -1)$, OH$=3$** 答

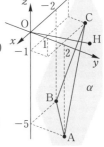

□ **119** 原点 O および A$(2, 0, 1)$, B$(1, 1, 0)$, C$(1, -1, 3)$ を頂点とする四面体 OABC がある。

(1) 原点 O から平面 ABC に下ろした垂線を OH とするとき，H の座標と OH の長さを求めよ。

(2) △ABC の面積 S を求めよ。

(3) 四面体 OABC の体積 V を求めよ。

□ **120** 四面体 OABC において，OA$=1$, OB$=$OC$=2$, $\angle$AOB$=\angle$COA$=60°$, $\angle$BOC$=90°$ とし，$\overrightarrow{OA} = \vec{a}$, $\overrightarrow{OB} = \vec{b}$, $\overrightarrow{OC} = \vec{c}$ とする。辺 OA を $1:2$ に内分する点を M，BC の中点を N とするとき，次の問いに答えよ。

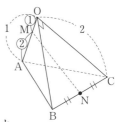

(1) 内積 $\vec{a} \cdot \vec{b}$, $\vec{b} \cdot \vec{c}$, $\vec{c} \cdot \vec{a}$ をそれぞれ求めよ。

(2) $\overrightarrow{MN}$ を $\vec{a}$, $\vec{b}$, $\vec{c}$ で表せ。また，内積 $\overrightarrow{MN} \cdot \overrightarrow{OB}$ を求めよ。

(3) $\overrightarrow{MN}$ の大きさを求めよ。また，$\overrightarrow{MN}$ と $\overrightarrow{OB}$ のなす角を θ とするとき，$\cos\theta$ の値を求めよ。

4 球面の方程式

中心が点 C$(a,\ b,\ c)$，半径 r の球面の方程式は

$$(x-a)^2+(y-b)^2+(z-c)^2=r^2$$

とくに，中心が原点のときは　$x^2+y^2+z^2=r^2$

2次方程式　$x^2+y^2+z^2+kx+ly+mz+n=0$　$(k^2+l^2+m^2-4n>0)$　は，

中心 $\left(-\dfrac{k}{2},\ -\dfrac{l}{2},\ -\dfrac{m}{2}\right)$，半径 $\dfrac{\sqrt{k^2+l^2+m^2-4n}}{2}$ の球面を表す。

━━━━━◆ A ◆━━━━━

□ *121 次のような球面の方程式を求めよ。　㊙p.66 練習26

(1) 原点を中心とし，半径が 2 の球面

(2) 中心が点 $(-3,\ 2,\ -1)$，半径が $2\sqrt{3}$ の球面

□ 122 次のような球面の方程式を求めよ。　㊙p.66 練習27

*(1) 中心が点 $(0,\ -3,\ 2)$ で，原点を通る球面

(2) 中心が点 $(4,\ -3,\ 1)$ で，zx 平面に接する球面

*(3) 2 点 A$(5,\ 2,\ -3)$，B$(-1,\ -6,\ -5)$ を直径の両端とする球面

━━━━━◆ B ◆━━━━━

□ 123 球面 $x^2+y^2+z^2-6x+14y-2z-13=0$ について，次の問いに答えよ。

*(1) この球面の中心の座標と半径を求めよ。　㊙p.67 練習28

*(2) この球面と yz 平面の交わりはどのような図形を表すか。

(3) この球面と平面 $y=1$ の交わりはどのような図形を表すか。

□ 124 原点を中心とし，球面 $x^2+y^2+z^2-4x-6y+12z+24=0$ に接する球面の方程式を求めよ。　(㊙p.66 練習27)

□ 125 次のような球面の方程式を求めよ。　(㊙p.67 練習28)

(1) 4 点 O$(0,\ 0,\ 0)$，A$(2,\ 0,\ 0)$，B$(0,\ -1,\ 1)$，C$(3,\ 0,\ -1)$ を通る球面

(2) 点 A$(1,\ 2,\ 1)$ を通り，3 つの座標平面に接する球面

━━━━━◆ C ◆━━━━━

□ 126 中心が点 $(1,\ -3,\ a)$，半径が 7 の球面が xy 平面と交わってできる円の半径が $2\sqrt{6}$ であるような定数 a の値を求めよ。

発展 直線・平面の方程式 教p.71〜72

1 **直線の方程式**

点 $A(x_1, y_1, z_1)$ を通り，ベクトル $\vec{d}=(l, m, n)$ に平行な直線の方程式は，$lmn \neq 0$ のとき

$$\frac{x-x_1}{l}=\frac{y-y_1}{m}=\frac{z-z_1}{n}$$

2 **平面の方程式**

点 $A(x_1, y_1, z_1)$ を通り，$\vec{n}=(a, b, c)$ に垂直な平面の方程式は

$$a(x-x_1)+b(y-y_1)+c(z-z_1)=0$$

□ *127 次の直線の方程式を求めよ。 教p.71 演習1

(1) 点 $A(2, -3, 7)$ を通り，$\vec{d}=(4, -1, 5)$ に平行な直線

(2) 2点 $A(3, 0, -2)$, $B(2, 2, 1)$ を通る直線

□ 128 次の平面の方程式を求めよ。 教p.72 演習2

*(1) 点 $A(3, -1, 2)$ を通り，$\vec{n}=(-2, -1, 4)$ に垂直な平面

(2) 3点 $A(-2, 0, 1)$, $B(3, -2, 0)$, $C(6, -7, 1)$ があるとき，点 A を通り，$\overrightarrow{BC}$ に垂直な平面

□ 129 直線 $-x+2=\dfrac{y-1}{2}=\dfrac{z}{5}$ と平面 $3x-4y+z-8=0$ との交点の座標を求めよ。

□ 130 次の問いに答えよ。

(1) 点 $A(2, -2, -9)$ を通り，平面 $\alpha: 3x-y-z+5=0$ に垂直な直線 g の方程式を求めよ。

(2) (1)で求めた直線 g と平面 α との交点の座標を求めよ。

□ 131 座標空間に原点 O と2点 $A(1, -1, 3)$, $B(3, -4, 4)$ がある。

(1) 原点 O と平面 $\pi: ax+by+cz+d=0$ の距離は $\dfrac{|d|}{\sqrt{a^2+b^2+c^2}}$ であることを示せ。

(2) 点 A を通り，直線 AB に垂直な平面 α の方程式を求めよ。

(3) 点 O を中心とし，平面 α に接する球面 S の方程式を求めよ。また，球面 S と平面 α の接点 H の座標を求めよ。

《 章 末 問 題 》

□ **132** 2つのベクトル $\vec{a}$, $\vec{b}$ は, $|\vec{a}+\vec{b}|=3$, $|\vec{a}-\vec{b}|=\sqrt{3}$ であるとする。次の問いに答えよ。

(1) 内積 $\vec{a}\cdot\vec{b}$ を求めよ。

以下, t を正の実数とし, $|\vec{a}|=t|\vec{b}|$ とおく。

(2) $\vec{a}$ と $\vec{b}$ のなす角を θ とするとき, $\cos\theta$ を t を用いて表せ。

(3) $\vec{a}$ と $\vec{b}$ のなす角 θ の最大値と, そのときの t の値を求めよ。

□ **133** 平行四辺形 ABCD において, 辺 AD を 2:1 に内分する点を E, 線分 BE を 1:3 に内分する点を F とする。さらに, △ABC の重心を G とし, $\overrightarrow{AB}=\vec{b}$, $\overrightarrow{AD}=\vec{d}$ とするとき, 次の問いに答えよ。

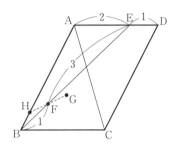

(1) $\overrightarrow{AF}$, $\overrightarrow{FG}$ をそれぞれ $\vec{b}$, $\vec{d}$ で表せ。

(2) 直線 FG と直線 AB の交点を H とする。$\overrightarrow{AH}$ を $\vec{b}$ で表せ。

□ **134** 点 O を原点とする座標平面上に △OAB がある。動点 P が $\overrightarrow{OP}+\overrightarrow{AP}+\overrightarrow{BP}=k\overrightarrow{OA}$ を満たしながら △OAB の内部を動くとき, 次の問いに答えよ。ただし, k は実数の定数とする。

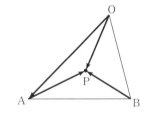

(1) $\overrightarrow{OP}$ を $\overrightarrow{OA}$, $\overrightarrow{OB}$ で表せ。

(2) k のとりうる値の範囲を求めよ。

(3) 点 P はどのような図形上を動くか図示せよ。

□ **135** △OAB において, 辺 OA の中点を M とする。$\overrightarrow{OA}=\vec{a}$, $\overrightarrow{OB}=\vec{b}$ とするとき, 次の図形のベクトル方程式を求めよ。

(1) 点 M を通り, 辺 AB に平行な直線

(2) 点 M を通り, 辺 OA に垂直な直線

(3) 点 B を中心とし, 点 O を通る円

(4) 線分 MB を直径とする円

□ **136** △ABC が次の等式を満たすとき, △ABC はどのような三角形か。

(1) $\overrightarrow{AB}\cdot\overrightarrow{AC}=|\overrightarrow{AB}|^2$

(2) $\overrightarrow{AB}\cdot\overrightarrow{BC}=\overrightarrow{BC}\cdot\overrightarrow{CA}=\overrightarrow{CA}\cdot\overrightarrow{AB}$

137 4点 A($\vec{a}$), B($\vec{b}$), C($\vec{c}$), D($\vec{d}$) を頂点とする四面体 ABCD において，辺 AC，BD の中点をそれぞれ M，N とするとき，次の等式を証明せよ。
$$\overrightarrow{AB}+\overrightarrow{CD}-(\overrightarrow{DA}+\overrightarrow{BC})=4\overrightarrow{MN}$$

138 次の3つの条件(i), (ii), (iii)を満たすベクトル $\vec{p}$ を求めよ。

(i) $\vec{p}$ の大きさが $2\sqrt{2}$
(ii) $\vec{a}=(1,\ -1,\ 0)$ と $\vec{p}$ が垂直
(iii) $\vec{b}=(1,\ 0,\ -1)$ と $\vec{p}$ のなす角が $120°$

139 点 A($-2,\ 5,\ 1$) を通り，ベクトル $\vec{d}=(1,\ -2,\ 3)$ に平行な直線を l，球面 S を $x^2+(y+2)^2+(z-5)^2=27$ とする。

(1) 直線 l と球面 S は異なる2点 P，Q で交わる。P，Q の座標を求めよ。
(2) 球面 S の中心を C とするとき，△CPQ の面積を求めよ。

140 空間に3点 A($a-1,\ a,\ a+1$), B($a,\ a+1,\ a-1$), C($a+1,\ a-1,\ a$) がある。ただし，$a>0$ とし，原点を O とする。

(1) ∠ABC の大きさを求めよ。
(2) △ABC の重心を G とするとき，$\overrightarrow{OG}$ と $\overrightarrow{GA}$ のなす角を求めよ。
(3) 四面体 OABC の体積を求めよ。

141 点 A($1,\ 0,\ 0$) を通りベクトル $\vec{a}=(1,\ 1,\ 1)$ に平行な直線を l，点 B($3,\ 1,\ -3$) を通りベクトル $\vec{b}=(-1,\ -2,\ 0)$ に平行な直線を m とする。l，m 上の点をそれぞれ P，Q とするとき，線分 PQ の長さの最小値を求めよ。

Prominence

142 平面上の異なる2点 A($\vec{a}$), B($\vec{b}$) を結ぶ線分 AB の垂直二等分線を l，線分 AB の中点を M，l 上の任意の点を P($\vec{p}$) とする。

(1) AP=BP であることを利用して，直線 l のベクトル方程式を求めよ。
(2) AB⊥MP であることを利用して，直線 l のベクトル方程式を求めよ。
(3) (1), (2)で求めたベクトル方程式が一致することを示せ。

2章 複素数平面

1節 複素数平面

1 複素数平面

教 p.74〜78

1 複素数平面

複素数 $\alpha = a + bi$（a, b は実数）を座標平面上の点 (a, b) に対応させたとき，
この平面を **複素数平面** または **ガウス平面** という。
複素数平面では，x 軸を **実軸**，y 軸を **虚軸** という。

（注意）この章では，特に断りがない限り i は虚数単位とする。

2 共役な複素数の性質

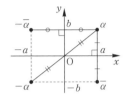

$$\overline{\alpha + \beta} = \overline{\alpha} + \overline{\beta} \qquad \overline{\alpha - \beta} = \overline{\alpha} - \overline{\beta}$$

$$\overline{\alpha\beta} = \overline{\alpha}\,\overline{\beta} \qquad \overline{\left(\frac{\alpha}{\beta}\right)} = \frac{\overline{\alpha}}{\overline{\beta}}$$

α が実数 $\iff \overline{\alpha} = \alpha$

α が純虚数 $\iff \overline{\alpha} = -\alpha,\ \alpha \neq 0$

3 複素数の和と差

$\alpha = a_1 + b_1 i,\ \beta = a_2 + b_2 i$　（a_1, a_2, b_1, b_2 は実数）のとき

和　$\alpha + \beta = (a_1 + a_2) + (b_1 + b_2)i$ 　　差　$\alpha - \beta = (a_1 - a_2) + (b_1 - b_2)i$

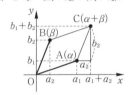 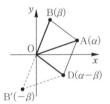

4 複素数の実数倍

3 点 $O(0)$, $A(\alpha)$, $B(\beta)$ が一直線上にある $\iff \beta = k\alpha$　（k は実数）

$k > 0$ のときは，点 B は点 O に関して点 A と同じ側にある。

$k < 0$ のときは，点 B は点 O に関して点 A と反対側にある。

$k = 0$ のときは，点 B は点 O と一致する。

5 複素数の絶対値

$\alpha = a + bi$（a, b は実数）のとき

$$|\alpha| = |a + bi| = \sqrt{a^2 + b^2}$$

複素数の絶対値の性質

$|\alpha| \geq 0$　とくに　$|\alpha| = 0 \iff \alpha = 0$

$|\alpha| = |-\alpha|,\ |\alpha| = |\overline{\alpha}|,\ |\alpha|^2 = \alpha\overline{\alpha}$

6 2点間の距離

複素数平面において，2 点 $A(\alpha)$, $B(\beta)$ 間の距離 AB は　$AB = |\beta - \alpha|$

A

□ **143** 次の点を複素数平面上に示せ。 教p.74 練習1

　*(1)　$2+3i$　　　　*(2)　$1-2i$　　　　(3)　-2

　*(4)　$3i$　　　　(5)　$-1+2i$　　　　*(6)　$-2-3i$

□ **144** 次の複素数を表す点と実軸，原点，虚軸に関して対称な点が表す複素数をそれぞれ
　　求めよ。 教P.75 練習2

　*(1)　$2+2i$　　　　*(2)　$1-3i$　　　　(3)　$-\sqrt{3}+i$

□ **145** $\alpha=2+3i$，$\beta=3-2i$ のとき，次の複素数を $a+bi$ の形で表せ。 (教p.75 問1)

　*(1)　$\overline{\alpha+\beta}$　　　　(2)　$\overline{\alpha-\beta}$　　　　(3)　$\overline{\alpha}+\overline{\beta}$

　*(4)　$\overline{\alpha\beta}$　　　　*(5)　$\overline{\overline{\alpha}\beta}$　　　　*(6)　$\overline{\left(\dfrac{\alpha}{\beta}\right)}$

□ **146** 次の複素数について，α, β, $\alpha+\beta$, $-\beta$, $\alpha-\beta$ が表す点を複素数平面上に図示せよ。

　*(1)　$\alpha=2+3i$, $\beta=3+i$　　　　(2)　$\alpha=1-3i$, $\beta=-2+3i$ 教p.76 練習3

□ **147** 次の複素数 α, β について，3点 O(0)，A(α)，B(β) が一直線上にあるとき，実数 a
　　の値を求めよ。

　*(1)　$\alpha=1+3i$, $\beta=3+ai$ 教p.77 練習4

　*(2)　$\alpha=2-i$, $\beta=a+i$

　(3)　$\alpha=a-i$, $\beta=-2+(a-1)i$

□ **148** 次の複素数の絶対値を求めよ。 教p.77 練習5

　*(1)　$12-5i$　　　　(2)　$3-i$

　*(3)　-3　　　　*(4)　$-5i$

□ **149** 次の2点 A，B 間の距離を求めよ。 教p.78 練習6

　*(1)　A($2-i$)，B($3+2i$)　　　　(2)　A($-4+2i$)，B($-i$)

　*(3)　A(5)，B($-3i$)　　　　(4)　A($6-4i$)，B($6+i$)

□ **150** $\alpha=1+i$，$\beta=2-3i$ であるとき，次の値を求めよ。 (教p.77 練習5
p.78 練習6)

　*(1)　$|\alpha+\beta|$　　*(2)　$|2\alpha-\beta|$　　(3)　$|-\alpha+3\beta|$

B

□ **151** $\alpha=2+4i$ とする。次の複素数の表す点を複素数平面上に図示せよ。　(教p.75～77)

　　(1)　α 　　　　　　　*(2)　$\bar{\alpha}$ 　　　　　　　(3)　$-\alpha$

　　*(4)　$i\alpha$ 　　　　　　　(5)　$i\bar{\alpha}$ 　　　　　　　(6)　2α

　　*(7)　$\dfrac{\alpha+\bar{\alpha}}{2}$ 　　　　　　*(8)　$\dfrac{\alpha-\bar{\alpha}}{2}$

□ **152** 複素数平面上に図のように2点 A(α), B(β)
が与えられているとき，次の複素数が表す点
を図示せよ。　(教p.76 練習3)

　　*(1)　$\alpha+\beta$ 　　　　*(2)　$\alpha-\beta$

　　(3)　$\bar{\alpha}+\bar{\beta}$ 　　　　*(4)　$\alpha-\bar{\beta}$

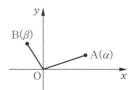

□ **153** 次の複素数 α, β, γ について，3点 A(α), B(β), C(γ) が一直線上にあるとき，実
数 a の値を求めよ。　(教p.77 練習4)

　　*(1)　$\alpha=-5i$, $\beta=1-2i$, $\gamma=a+4i$

　　(2)　$\alpha=a+4i$, $\beta=3+2i$, $\gamma=9-i$

C

例題 7

　複素数 α が $|\alpha|=2$, $|\alpha+3|=4$ を満たすとき，$\alpha+\bar{\alpha}$ の値を求めよ。

〈考え方〉 $|\alpha|^2=\alpha\bar{\alpha}$, $|\alpha+3|^2=(\alpha+3)\overline{(\alpha+3)}$ を利用する。

解答 $|\alpha|=2$ より　$|\alpha|^2=\alpha\bar{\alpha}=4$

　$|\alpha+3|=4$ より　$|\alpha+3|^2=(\alpha+3)\overline{(\alpha+3)}=(\alpha+3)(\bar{\alpha}+3)$ ◀ $\begin{aligned}\overline{\alpha+3}&=\bar{\alpha}+\bar{3}\\&=\bar{\alpha}+3\end{aligned}$

　　　　　　　　　　　$=\alpha\bar{\alpha}+3\alpha+3\bar{\alpha}+9=4^2$

　$\alpha\bar{\alpha}=4$ を代入して　$4+3(\alpha+\bar{\alpha})+9=16$

　よって　$\alpha+\bar{\alpha}=1$　**答**

□ **154** 複素数 α が $|\alpha|=3$, $|\alpha-2|=3$ を満たすとき，$\alpha+\bar{\alpha}$ の値を求めよ。

□ **155** 複素数 α が $\alpha+2\bar{\alpha}=3+i$ を満たすとき，次の値を求めよ。

　　(1)　$\bar{\alpha}+2\alpha$ 　　　　　　　　　　(2)　α

□ **156** $|\alpha|=|\beta|=|\alpha-\beta|=1$ のとき，次の式の値を求めよ。

　　(1)　$\alpha\bar{\beta}+\bar{\alpha}\beta$ 　　　　　　　　　　(2)　$\alpha^2-\alpha\beta+\beta^2$

2　複素数の極形式

1　極形式

$r=|z|$, $\theta=\arg z$ とすると　$z=r(\cos\theta+i\sin\theta)$

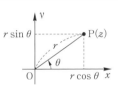

2　複素数の積と商

$z_1=r_1(\cos\theta_1+i\sin\theta_1)$, $z_2=r_2(\cos\theta_2+i\sin\theta_2)$ のとき

積　$z_1z_2=r_1r_2\{\cos(\theta_1+\theta_2)+i\sin(\theta_1+\theta_2)\}$

$\quad\quad |z_1z_2|=|z_1||z_2|$, $\arg(z_1z_2)=\arg z_1+\arg z_2$

商　$\dfrac{z_1}{z_2}=\dfrac{r_1}{r_2}\{\cos(\theta_1-\theta_2)+i\sin(\theta_1-\theta_2)\}$

$\quad\quad \left|\dfrac{z_1}{z_2}\right|=\dfrac{|z_1|}{|z_2|}$, $\arg\dfrac{z_1}{z_2}=\arg z_1-\arg z_2$

3　複素数の積と商の図形的意味

$\alpha=r(\cos\theta+i\sin\theta)$ $(r>0)$ とするとき

1. αz の表す点は，点 z を原点のまわりに θ だけ回転し，原点からの距離を r 倍した点である。
とくに，点 $(\cos\theta+i\sin\theta)z$ は，点 z を原点のまわりに θ だけ回転した点である。

2. $\dfrac{z}{\alpha}$ の表す点は，点 z を原点のまわりに $-\theta$ だけ回転し，原点からの距離を $\dfrac{1}{r}$ 倍した点
である。

□ **157**　次の複素数を極形式で表せ。ただし，偏角 θ は $0\leqq\theta<2\pi$ とする。

*(1)　$\sqrt{3}+i$　　　　　　*(2)　$1-i$　　　　　　(3)　$1-\sqrt{3}i$

*(4)　$-2+2i$　　　　　　(5)　5　　　　　　*(6)　$-4i$

(7)　$\sqrt{3}+3i$　　　　　　(8)　$-\dfrac{\sqrt{3}}{3}-\dfrac{1}{3}i$

□ **158**　$z=2(\cos\theta+i\sin\theta)$ のとき，次の複素数を極形式で表せ。

(1)　$\bar{z}$　　　　(2)　$\dfrac{1}{z}$　　　　(3)　$-z$　　　　(4)　$-\dfrac{1}{z}$

□ **159**　次の複素数 z_1, z_2 の積 z_1z_2 と商 $\dfrac{z_1}{z_2}$ を求めよ。

*(1)　$z_1=2\left(\cos\dfrac{5}{8}\pi+i\sin\dfrac{5}{8}\pi\right)$, $z_2=\cos\dfrac{\pi}{8}+i\sin\dfrac{\pi}{8}$

(2)　$z_1=3\left(\cos\dfrac{11}{12}\pi+i\sin\dfrac{11}{12}\pi\right)$, $z_2=4\left(\cos\dfrac{3}{4}\pi+i\sin\dfrac{3}{4}\pi\right)$

□ **160** 次の複素数が表す点は，点 z をどのように移動した点であるか。 ㊙p.83 練習 10

(1) $(\sqrt{3}+i)z$　　　　*(2) $\dfrac{-1+i}{2}z$　　　　*(3) $\dfrac{z}{1+\sqrt{3}\,i}$

□ ***161** 点 $2+\sqrt{3}\,i$ を原点のまわりに $\dfrac{2}{3}\pi$ および $-\dfrac{2}{3}\pi$ だけ回転した点を表す複素数をそれぞれ求めよ。 ㊙p.84 練習 11

□ **162** 複素数平面において，次の(1)，(2)の残りの頂点を表す複素数を求めよ。 ㊙p.84 練習 12

*(1) 点 $\mathrm{A}(2+i)$ を頂点の 1 つとする正方形 ABCD が原点を中心とする円に内接している。ただし，各頂点は反時計回りの順で A，B，C，D とする。

(2) 点 $\mathrm{A}(\sqrt{3}+i)$ を頂点の 1 つとする正六角形 ABCDEF が原点を中心とする円に内接している。ただし，各頂点は反時計回りの順で A，B，C，D，E，F とする。

━━━━━◀ **B** ▶━━━━━

□ **163** $z=\dfrac{\sqrt{3}-1}{2}+\dfrac{\sqrt{3}+1}{2}i$ について，次の問いに答えよ。 （㊙p.80 練習 7)

(1) $\dfrac{z}{1+i}$ を $a+bi$ の形に表せ。ただし，a，b は実数とする。

(2) z を極形式で表せ。

□ ***164** 座標平面において，点 $\mathrm{A}(3,\ 2)$ を原点のまわりに θ だけ回転させると点 $\mathrm{B}(2,\ 3)$ に移る。このとき，$\cos\theta$ と $\sin\theta$ の値を求めよ。 （㊙p.84 練習 11)

━━━━━◀ **C** ▶━━━━━

□ **165** 複素数平面上の点 P を，原点のまわりに $\dfrac{3}{4}\pi$ だけ回転し，さらに実軸方向に $\sqrt{3}$ だけ平行移動した点を表す複素数が i であった。このとき，点 P を表す複素数の絶対値 r と偏角 θ を求めよ。ただし，$0\leqq\theta<2\pi$ とする。

□ **166** 複素数平面上で 2 点 $\mathrm{A}(\alpha)$，$\mathrm{B}(\beta)$ と原点 O を結んでできる △OAB が正三角形であるとき，$\alpha^2+\beta^2=\alpha\beta$ が成り立つことを示せ。

□ **167** 原点 O と点 $\mathrm{P}(1+\sqrt{3}\,i)$ を通る直線 OP に関して，点 $\mathrm{A}(2+2i)$ と対称な点を $\mathrm{B}(\beta)$ とする。このとき，β を求めよ。

3 ド・モアブルの定理

教 p.85〜88

① **ド・モアブルの定理**

任意の整数 n に対して $(\cos\theta+i\sin\theta)^n=\cos n\theta+i\sin n\theta$

② **複素数の n 乗根**

n を自然数とするとき $z^n=1$ の解は

$$z_k=\cos\frac{2k}{n}\pi+i\sin\frac{2k}{n}\pi \quad (k=0,\ 1,\ 2,\ \cdots,\ n-1)$$

この n 個の解 $z_0,\ z_1,\ z_2,\ \cdots,\ z_{n-1}$ を複素数平面上に表すと，

単位円周上の点 1 を 1 つの頂点とする，単位円に内接する正 n 角形の頂点になる。

A

□ **168** 次の複素数の値を求めよ。

教 p.86 練習 13

*(1) $\left(\dfrac{1}{2}+\dfrac{\sqrt{3}}{2}i\right)^3$ (2) $\left(\dfrac{\sqrt{2}}{2}-\dfrac{\sqrt{2}}{2}i\right)^6$ *(3) $(\sqrt{3}+i)^5$

(4) $(-1+i)^{10}$ *(5) $(1-\sqrt{3}\,i)^{-5}$ (6) $\left(\dfrac{\sqrt{3}-i}{2}\right)^{-4}$

□ *169 方程式 $z^4=1$ の解を求めよ。また，その解を複素数平面上に図示せよ。

教 p.87 練習 14

□ **170** 次の方程式の解を求めよ。

教 p.88 練習 15

*(1) $z^3=27i$ (2) $z^6=-8$ (3) $z^2=-i$

B

□ **171** 次の複素数の値を求めよ。

(教 p.86 練習 13)

*(1) $\left(\dfrac{4i}{1+\sqrt{3}\,i}\right)^{10}$ (2) $\left(\dfrac{1-\sqrt{3}\,i}{1+i}\right)^{12}$

□ **172** $z+\dfrac{1}{z}=\sqrt{3}$ を満たす複素数 z について，次の問いに答えよ。

(教 p.86)

(1) z を極形式で表せ。ただし，偏角 θ は $-\pi\leqq\theta<\pi$ とする。

(2) $\dfrac{1}{z^{12}}$ の値を求めよ。

□ **173** $z_n=\left(\dfrac{1+\sqrt{3}}{2}-\dfrac{1-\sqrt{3}}{2}i\right)^{2n}$ とする。次の問いに答えよ。

(教 p.86)

(1) z_1 の値を求めよ。

(2) z_n が実数となる最小の自然数 n と，そのときの z_n の値を求めよ。

□ **174** 次の方程式の解を求めよ。 (教)p.88 練習15

   (1) $z^4=8(-1+\sqrt{3}\,i)$ *(2) $z^3=-2+2i$

◀ C ▶

例題 8

$z_1=2$, $z_{n+1}=(1+\sqrt{3}\,i)z_n-\sqrt{3}\,i$ で与えられる数列 $\{z_n\}$ について，次の問いに答えよ。

(1) z_n を n を用いて表せ。   (2) z_n が実数となる n の値を求めよ。

〈考え方〉 漸化式の一般項を求める考え方は，複素数でも同様である。

解答 (1) 漸化式を変形すると $z_{n+1}-1=(1+\sqrt{3}\,i)(z_n-1)$

数列 $\{z_n-1\}$ は初項 $z_1-1=2-1=1$，公比 $1+\sqrt{3}\,i$ の等比数列であるから

$z_n-1=1\cdot(1+\sqrt{3}\,i)^{n-1}$ よって $\boldsymbol{z_n=(1+\sqrt{3}\,i)^{n-1}+1}$ **答**

(2) $z_n=\left\{2\left(\dfrac{1}{2}+\dfrac{\sqrt{3}}{2}i\right)\right\}^{n-1}+1=2^{n-1}\left(\cos\dfrac{\pi}{3}+i\sin\dfrac{\pi}{3}\right)^{n-1}+1$

$\qquad=2^{n-1}\left(\cos\dfrac{n-1}{3}\pi+i\sin\dfrac{n-1}{3}\pi\right)+1$ ◀━ ド・モアブルの定理の利用

z_n が実数となるのは $\sin\dfrac{n-1}{3}\pi=0$ ◀━ 実数になるのは虚部が0のとき

よって，$\dfrac{n-1}{3}\pi=k\pi$ （k は整数）より $\boldsymbol{n=3k+1}$ （$\boldsymbol{k}$ **は0以上の整数**） **答**

□ **175** $z_1=i$, $z_{n+1}=(1-i)z_n+i$ で与えられる数列 $\{z_n\}$ について，z_n が実数となる n の値を求めよ。

□ **176** $z=\cos\dfrac{2}{5}\pi+i\sin\dfrac{2}{5}\pi$ とする。次の問いに答えよ。

   (1) z^5 の値を求めよ。   (2) $z^4+z^3+z^2+z+1$ の値を求めよ。

   (3) $z+\dfrac{1}{z}$ の値を求めよ。   (4) $\cos\dfrac{2}{5}\pi$ の値を求めよ。

□ **177** 複素数 $z=\dfrac{1+\sqrt{3}\,i}{2}$ について，次の値を求めよ。

   (1) z^2, z^3 (2) $z+2z^2+3z^3+\cdots\cdots+18z^{18}$

□ **178** n を自然数とし，複素数 $z=\cos\theta+i\sin\theta$ が $z^n=1$ を満たすとき，

$1+\cos\theta+\cos2\theta+\cdots\cdots+\cos(n-1)\theta$ を求めよ。ただし，$z\neq1$ とする。

ヒント **176** (3) $z^4+z^3+z^2+z+1=$（(2)で求めた値）の両辺を z^2 （$\neq0$）で割る。

     177 (2) （与式）$=S$ として $S-zS$ を計算する。

     178 $\displaystyle\sum_{k=0}^{n-1}z^k=\sum_{k=0}^{n-1}\cos k\theta+i\sum_{k=0}^{n-1}\sin k\theta$, $z^n-1=(z-1)(z^{n-1}+z^{n-2}+\cdots\cdots+z+1)$ を利用する。

4 複素数の図形への応用　　　　　　　　　　　　　　　　教 p.89～96

1 線分の内分点・外分点

複素数平面上の 2 点 A(z_1)，B(z_2) について

　　　線分 AB を $m:n$ に内分する点 z は　$z = \dfrac{nz_1 + mz_2}{m+n}$

　　　線分 AB を $m:n$ に外分する点 z は　$z = \dfrac{-nz_1 + mz_2}{m-n}$

2 方程式の表す図形

　図形の調べ方

　　1. 2 点 A(α)，B(β) について，$|\beta - \alpha| = $ AB であることを用いて，条件式が表す図形の性質からどのような図形であるか調べる。

　　2. 共役な複素数の性質 $|\beta - \alpha|^2 = (\beta - \alpha)\overline{(\beta - \alpha)} = (\beta - \alpha)(\overline{\beta} - \overline{\alpha})$ を用いる。

　　3. $z = x + yi$（x，y は実数）とおいて条件式から x，y の方程式を導き，座標平面上で点 (x, y) 全体の表す図形を考える。

　　4. $z = f(w)$ の表す図形

　　　点 w がある図形上を動くとき，$z = f(w)$　…① を満たす点 z 全体が表す図形は，①を $w = (z$ の式$)$ と変形して，点 w が動く図形の方程式に代入する。

　複素数の表す図形

　　$|z - \alpha| = r$　　　…点 z の全体は点 α を中心とする半径 r の円

　　$|z - \alpha| = |z - \beta|$ …点 z の全体は点 α と点 β を結ぶ線分の垂直二等分線

　　$\overline{z} = z$　　　　…点 z の全体は実軸

　　$\overline{z} = -z$　　　…点 z の全体は虚軸

3 点 α のまわりの回転移動

点 β を点 α のまわりに角 θ だけ回転した点を点 γ とすると

　　$\gamma = (\cos\theta + i\sin\theta)(\beta - \alpha) + \alpha$

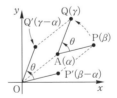

4 2 線分のなす角

異なる 3 点 A(α)，B(β)，C(γ) に対して

　　$\angle$BAC $= \arg\dfrac{\gamma - \alpha}{\beta - \alpha}$

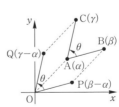

5 3 点の位置関係

3 点 A(α)，B(β)，C(γ) について

　　3 点 A，B，C が一直線上 $\iff \dfrac{\gamma - \alpha}{\beta - \alpha}$ が実数

　　2 直線 AB と AC が垂直 $\iff \dfrac{\gamma - \alpha}{\beta - \alpha}$ が純虚数

□ **179** 複素数平面上の 2 点 A$(2+i)$，B$(-1+4i)$ について，線分 AB を $2:1$ に内分する
点 P，$4:1$ に外分する点 Q，および中点 M を表す複素数をそれぞれ求めよ。

𝕔 p.89 練習 16

□ **180** 複素数平面において，次の方程式を満たす点 z の全体はどのような図形か。
*(1) $|z+1|=2$ (2) $|z-2i|=1$ 𝕔 p.90 練習 17
*(3) $|z-1-i|=2$ *(4) $|2z-i|=3$

□ **181** 複素数平面において，次の方程式を満たす点 z の全体はどのような図形か。
*(1) $|z-1|=|z+3|$ *(2) $|z|=|z+2-i|$ 𝕔 p.90 練習 18
*(3) $|z-2|=|z+4i|$ (4) $|z-1-i|=|3-i-z|$

□ **182** 複素数平面において，点 A$(a+4i)$ が原点 O に移るような平行移動により，
点 B$(3+ai)$ は点 $b-3i$ に移った。このとき，実数 a，b を求めよ。 (𝕔 p.93)

□ **183** 複素数平面において，点 $\beta=4+i$ を点 $\alpha=2-i$ のまわりに $-\dfrac{\pi}{3}$ だけ回転した点を表
す複素数 γ を求めよ。
𝕔 p.93 練習 21

□ **184** 複素数平面において，3 点 A$(1-3i)$，B$(3-i)$，C(γ) を頂点とする △ABC が
∠ABC$=120°$，AB$=$BC の二等辺三角形であるとき，γ を求めよ。 𝕔 p.93 練習 22

□ **185** $\alpha=\sqrt{3}+i$，$\beta=1-\sqrt{3}i$，$\gamma=-\sqrt{3}-i$，$\delta=i$ のとき，複素数平面上の 4 点 A(α)，
B(β)，C(γ)，D(δ) に対して，次の角 θ を求めよ。ただし，$0\leqq\theta<2\pi$ とする。
*(1) $\theta=\angle$ABC (2) $\theta=\angle$CAB *(3) $\theta=\angle$DAC 𝕔 p.94 練習 23

□ **186** 複素数平面上の 3 点 A$(2-i)$，B$(-1+3i)$，C(ki) について，次の問いに答えよ。
ただし，k は実数とする。
𝕔 p.96 問 5，練習 24
(1) 3 点 A，B，C が一直線上にあるように，k の値を定めよ。
(2) 2 直線 BA，BC が垂直であるように，k の値を定めよ。

B

☐ **187** 複素数平面において，次の方程式を満たす点 z の全体はどのような図形か。

    *(1) $2|z-1|=|z+2|$ 教p.91 練習 19

    (2) $|z-3i|=3|z+4+i|$

☐ **188** 複素数平面において，複素数 w が $|w|=1$ を満たすとき，次の方程式を満たす点 z の全体はどのような図形を表すか。   教p.92 練習 20

    *(1) $z=2w-1$ *(2) $z=w-(1+i)$

    (3) $z=\dfrac{i-w}{2}$

☐ *189 複素数平面上の異なる 3 点 $A(\alpha)$，$B(\beta)$，$C(\gamma)$ について，$\gamma=\dfrac{3-\sqrt{3}i}{2}\beta-\dfrac{1-\sqrt{3}i}{2}\alpha$

    が成り立つとき，次の問いに答えよ。   教p.96 練習 25

    (1) $\dfrac{\gamma-\beta}{\alpha-\beta}$ を求めよ。   (2) △ABC はどのような三角形か。

☐ *190 複素数 z は $|z-\sqrt{3}-i|=1$ を満たす。次の問いに答えよ。   (教p.90〜92)

    (1) 複素数平面において，点 $P(z)$ の全体が表す図形を複素数平面上に図示せよ。

    (2) $|z|$ の最大値と最小値を求めよ。

    (3) $\theta=\arg z$ $(0\leqq\theta<2\pi)$ とするとき，θ のとりうる値の範囲を求めよ。

☐ **191** 複素数平面において，点 $A(a+i)$ を原点 O のまわりに $\dfrac{\pi}{2}$ だけ回転した点を B とする。

    点 A を点 B のまわりに $-\dfrac{\pi}{3}$ だけ回転すると虚軸上に移るという。実数 a の値を

    求めよ。   (教p.93)

C

☐ **192** 複素数平面において，2 点 $A(\alpha)$，$B(\beta)$ は $\alpha^2+\alpha\beta+\beta^2=0$ を満たす $O(0)$ と異なる点

    とするとき，次の問いに答えよ。

    (1) $\dfrac{\alpha}{\beta}$ を求めよ。   (2) △OAB はどのような三角形か。

例題 9

$w \neq 1$ である複素数 w に対して，$z=\dfrac{2w}{w-1}$ とする。点 w が複素数平面の虚軸上を動く

とき，点 z の全体の表す図形を図示せよ

〈考え方〉複素数 α が純虚数であるとき，$\bar{\alpha}=-\alpha$ が成り立つ。

解答 $z=\dfrac{2w}{w-1}$ より $w=\dfrac{z}{z-2}$ $(z \neq 2)$ ◀ $\boxed{w(z-2)=z \text{ より，} z=2 \text{ では等式が成り立たない。}}$

w が虚軸上を動くから $\overline{\left(\dfrac{z}{z-2}\right)}=-\dfrac{z}{z-2}$ ◀ $\boxed{\text{点 } w \text{ が虚軸上} \Leftrightarrow \bar{w}=-w}$

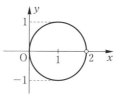

$\dfrac{\bar{z}}{\bar{z}-2}=-\dfrac{z}{z-2}$

$\bar{z}(z-2)=-z(\bar{z}-2)$

$2z\bar{z}-2z-2\bar{z}=0$

$(z-1)(\bar{z}-1)=1$

$(z-1)\overline{(z-1)}=1$

$|z-1|^2=1$

よって，$|z-1|=1$ であるから点 z は

点 1 を中心とする半径 1 の円上を動く。ただし，点 2 を除く。 **答**

別解 $z=x+yi$ とおくと $(z \neq 2$ より $(x,\ y) \neq (2,\ 0))$

$\dfrac{z}{z-2}=\dfrac{x+yi}{x+yi-2}=\dfrac{(x+yi)\{(x-2)-yi\}}{\{(x-2)+yi\}\{(x-2)-yi\}}=\dfrac{(x^2+y^2-2x)-2yi}{(x-2)^2+y^2}$

これが虚軸上を動くから $x^2+y^2-2x=0$ ◀ $\boxed{\text{虚軸上} \Leftrightarrow (\text{実部})=0}$

すなわち $(x-1)^2+y^2=1$

よって，点 1 を中心とする半径 1 の円上を動く。ただし，点 2 は除く。 **答**

□ **193** $w \neq 1$ である複素数 w に対して，$z=\dfrac{1+w}{1-w}$ とする。点 w が複素数平面上の次の図形

上を動くとき，点 z の全体の表す図形を図示せよ。

(1) 実軸上   (2) 虚軸上   (3) $|w|=1$ (4) $|w|=2$

□ **194** $w \neq 1+i$ である複素数 w に対して，$z=\dfrac{w-i}{w-1-i}$ とする。点 w が複素数平面で

原点を中心とする半径 1 の円上を動くとき，点 z の全体の表す図形を図示せよ。

□ **195** $\dfrac{iz^2}{z+i}$ が実数となるように点 $\mathrm{P}(z)$ が複素数平面上を動くとき，点 P の全体の表す

図形を図示せよ。ただし，$z \neq -i$ とする。

発展 図形の回転移動 教p.100〜101

点 P(a, b) を原点のまわりに角 θ だけ回転
した点を Q(x, y) とすると
$x+yi=(\cos\theta+i\sin\theta)(a+bi)$ より
$$\begin{cases} x=a\cos\theta-b\sin\theta \\ y=a\sin\theta+b\cos\theta \end{cases}$$
の関係が成り立つ。

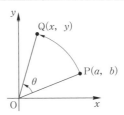

□ **196** 次の方程式で表される図形を，原点のまわりに $\dfrac{2}{3}\pi$ だけ回転した図形の方程式を

求めよ。 教p.101 演習1

*(1) $(x-2)^2+(y-\sqrt{3})^2=1$ (2) $x+y-2=0$

研究 不等式の表す領域 教p.102

複素数平面上で，複素数 α の表す点を中心
とする半径 r の円を C とすると
　$|z-\alpha|<r$ の表す領域は，円 C の内部
　$|z-\alpha|>r$ の表す領域は，円 C の外部

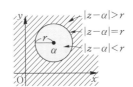

□ **197** 複素数平面上で，次の不等式を満たす点 z の全体の表す領域を図示せよ。

*(1) $|z|>1$ (2) $|z-2i|\leqq\dfrac{3}{2}$ 教p.102 演習1

(3) $|z-1+3i|<4$ *(4) $|2z+1+i|>\sqrt{3}$

□ **198** 複素数 w は，$|w|\leqq1$, $|w-1|\leqq1$, $w\neq1$ を同時に満たす複素数とする。この w に対し，

$z=\dfrac{w+1}{w-1}$ とおく。このとき，点 z の存在範囲を図示せよ。

☐ **199** $z=a+bi$（a, b は実数）のとき，次の等式が成り立つことを示せ。

(1) $a=\dfrac{z+\bar{z}}{2}$ (2) $b=\dfrac{z-\bar{z}}{2i}$

☐ **200** 次の複素数を $r(\cos\theta+i\sin\theta)$ の形で表せ。ただし，$r>0$, $0<\alpha<\pi$ とする。

(1) $-\cos\alpha+i\sin\alpha$ (2) $\sin\alpha+i\cos\alpha$ (3) $1+\cos\alpha+i\sin\alpha$

☐ **201** z は複素数とする。n が整数のとき，$z+\dfrac{1}{z}$ が実数ならば $z^n+\dfrac{1}{z^n}$ も実数となることを示せ。

☐ **202** $\left|\dfrac{z-2i}{1+2iz}\right|=1$ のとき，$|z|=1$ であることを示せ。

☐ **203** 複素数 α, β が $|\alpha|=|\beta|=|\alpha-\beta|=2$ を満たすとき，次の式の値を求めよ。

(1) $|\alpha+\beta|$ (2) $|\alpha^2+\beta^2|$

☐ **204** $(\sqrt{3}+i)^m=(1+i)^n$ が成り立つ正の整数 m, n のうちで，m, n がそれぞれ最小となるときの m, n の値を求めよ。

☐ **205** 係数が実数である 3 次方程式 $ax^3+bx^2+cx+d=0$ が虚数解 α をもつとき，それと共役な複素数 $\bar{\alpha}$ も解であることを証明せよ。

☐ **206** $|z|=1$ を満たす複素数 z について，次の絶対値の最大値と最小値を求めよ。

(1) $|z-2|$ (2) $\left|z+\dfrac{1}{z}+2\right|$

☐ **207** 2 つの複素数 $\alpha=2-\sqrt{3}p+pi$, $\beta=\sqrt{3}q-1+(\sqrt{3}-q)i$ について，$|\alpha|=|\beta|$ かつ $\arg\dfrac{\beta}{\alpha}=\dfrac{\pi}{2}$ である。このとき，実数 p, q の値を求めよ。

☐ **208** 複素数平面上の異なる 3 点 α, β, γ が一直線上にあるとき，次の等式が成り立つことを証明せよ。
$$\bar{\alpha}(\beta-\gamma)+\bar{\beta}(\gamma-\alpha)+\bar{\gamma}(\alpha-\beta)=0$$

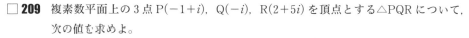

□ **209** 複素数平面上の 3 点 P$(-1+i)$, Q$(-i)$, R$(2+5i)$ を頂点とする△PQR について, 次の値を求めよ。

(1) 辺 PQ, QR の長さ　　　　　(2) 内角∠PQR の大きさ

(3) △PQR の面積

□ **210** xy 平面上の点 P を原点のまわりに 60° だけ回転し, 次に y 軸に関して対称移動 したところ, もとの位置に戻るという。このような点 P の全体のなす図形を求めよ。 ただし, 点 P は原点と一致しないものとする。

□ **211** 複素数平面上で一直線上にない 3 点 A(α), B(β), C(γ) が $2\alpha^2+\beta^2+\gamma^2-2\alpha\beta-2\alpha\gamma=0$ を満たすとき, 次の問いに答えよ。

(1) $\dfrac{\gamma-\alpha}{\beta-\alpha}$ の値を求めよ。　　　　　(2) △ABC はどのような三角形か。

□ **212** t は $0 \leqq t \leqq 1$ を満たす実数とし, $\alpha=ti$, $\beta=1$ とする。複素数 γ はその実部と虚部が 正であるものとする。複素数平面において, 3 点 α, β, γ を頂点とする三角形が正 三角形をなすとき, 次の問いに答えよ。

(1) $\dfrac{\gamma-\alpha}{\beta-\alpha}$ の値を求めよ。

(2) t が 0 から 1 まで変化するとき, 点 γ の全体の表す図形を図示せよ。

□ **213** z を複素数として, 次の問いに答えよ。

(1) $\dfrac{1}{z+i}+\dfrac{1}{z-i}$ が実数となる点 z の全体の表す図形 F を複素数平面上に図示せよ。

(2) z が(1)で求めた図形 F 上を動くとき, $w=\dfrac{z+i}{z-i}$ を満たす点 w の全体の表す図形 を複素数平面上に図示せよ。

Prominence

□ **214** 複素数 z が $z^2=-3+4i$ を満たすとき, 次の問いに答えよ。

(1) z の絶対値を求めよ。　　　　　(2) $\overline{z}$ を z を用いて表せ。

(3) $(z+\overline{z})^2$ の値を求めよ。

3章 平面上の曲線

1節 2次曲線

1 放物線

教 p.104〜105

1 放物線の方程式

放物線　定点 F とこの点を通らない定直線 l から等距離にある
　　　　点の軌跡
　　　　定点 F を **焦点**，定直線 l を **準線** という。

放物線の軸　放物線の焦点を通り，準線に垂直な直線
　　　　　　放物線は軸に関して対称

放物線の頂点　軸と放物線の交点

放物線 $y^2 = 4px$ において
　　焦点は点 $(p,\ 0)$，準線は直線 $x = -p$，
　　軸は x 軸，頂点は原点

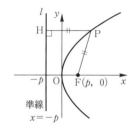

2 焦点が y 軸上にある放物線

方程式 $x^2 = 4py$ が表す図形は，焦点が点 $(0,\ p)$，準線が直線 $y = -p$ である放物線

A

□**215** 次の焦点，準線をもつ放物線の方程式を求めよ。　教 p.104 練習 1

(1)　焦点 $(1,\ 0)$，準線 $x = -1$　　　　(2)　焦点 $\left(-\dfrac{1}{2},\ 0\right)$，準線 $x = \dfrac{1}{2}$

□**216** 次の放物線の焦点の座標と準線の方程式を求め，その概形をかけ。　教 p.105 練習 2

*(1)　$y^2 = 2x$　　　　　　*(2)　$y^2 = -8x$　　　　　　(3)　$y^2 = \dfrac{1}{2}x$

□**217** 次の焦点，準線をもつ放物線の方程式を求めよ。　教 p.105 練習 3

(1)　焦点 $(0,\ 3)$，準線 $y = -3$　　　　(2)　焦点 $\left(0,\ -\dfrac{3}{2}\right)$，準線 $y = \dfrac{3}{2}$

□**218** 次の放物線の焦点の座標と準線の方程式を求め，その概形をかけ。　教 p.105 練習 4

*(1)　$x^2 = 4y$　　　　　　(2)　$x^2 = -2y$　　　　　　*(3)　$y = -x^2$

B

□**219** 次の条件を満たす放物線の方程式を求めよ。　(教 p.104 練習 1
　p.105 練習 3)

*(1)　頂点が原点で，準線が直線 $x = 3$ である。

(2)　頂点が原点で，x 軸を軸とし，点 $(3,\ 2)$ を通る。

*(3)　頂点が原点で，y 軸を軸とし，点 $(-1,\ -2)$ を通る。

C

例題 10

円 $C:(x-3)^2+y^2=4$ に外接し，直線 $x=-1$ に接する円の中心 P の軌跡の方程式を求めよ。

〈考え方〉 点 P と円 C の中心との距離に注目して，点 P とその距離が等しい直線を見つける。
または，点 P の座標を (x, y) とおいて，x，y についての条件式をつくる。

解答 円 C の中心を C(3, 0)，条件を満たす円の半径を r，
点 P から直線 $x=-3$，$x=-1$ に垂線
PH′，PH をそれぞれ引くと

$$PC=r+2$$
$$PH'=PH+HH'=r+2$$

より，PC＝PH′ がつねに成り立つ。
よって，点 P は点 C(3, 0) を焦点，
直線 $x=-3$ を準線とする放物線であるから，
求める軌跡の方程式は $\boldsymbol{y^2=12x}$ 答

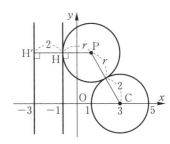

別解 点 P の座標を (x, y) とし，点 P から直線 $x=-1$ に垂線 PH を引く。また，円 C の中心を C(3, 0) とする。

$x>-1$ より，PC－2＝PH であるから $\sqrt{(x-3)^2+y^2}-2=x-(-1)$
すなわち $\sqrt{(x-3)^2+y^2}=x+3$
両辺を 2 乗して $(x-3)^2+y^2=(x+3)^2$
整理して $y^2=12x$
逆も成り立つから，求める軌跡の方程式は $\boldsymbol{y^2=12x}$ 答

□ **220** 次の条件を満たす点 P の軌跡の方程式を求めよ。

(1) 直線 $x=-2$ に接し，点 $(2, 0)$ を通る円の中心 P

(2) 円 $x^2+\left(y-\dfrac{3}{4}\right)^2=\dfrac{1}{4}$ に外接し，直線 $y=-\dfrac{1}{4}$ に接する円の中心 P

(3) 円 $x^2+y^2+4x=0$ と内接し，直線 $x=4$ に接する円の中心 P

□ **221** $p>0$ とする。放物線 $x^2=4py$ の焦点 F を通る直線と，この放物線との交点を A，B とする。線分 AB の中点を M，点 M から準線に引いた垂線を MN とするとき，AM＝MN であることを証明せよ。

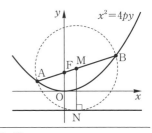

ヒント **221** 2 点 A，B から準線に垂線 AH，BI を引くと AF＝AH，BF＝BI

3
1 節
2 次曲線

2 楕円

⑳p.106〜109

1 **楕円の方程式**

楕円　2定点 F，F′ からの距離の和が一定である点の軌跡

この2定点 F，F′ を楕円の **焦点** という。

楕円 $\dfrac{x^2}{a^2}+\dfrac{y^2}{b^2}=1$ $(a>b>0)$ において

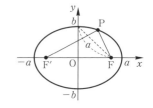

焦点は点 $F(\sqrt{a^2-b^2},\ 0)$，$F'(-\sqrt{a^2-b^2},\ 0)$

頂点は点 $(\pm a,\ 0)$，$(0,\ \pm b)$

長軸の長さ $2a$，短軸の長さ $2b$

楕円上の点 P について　$PF+PF'=2a$

2 **焦点が y 軸上にある楕円**

方程式 $\dfrac{x^2}{a^2}+\dfrac{y^2}{b^2}=1$ $(b>a>0)$ の表す図形は，

焦点が $F(0,\ \sqrt{b^2-a^2})$，$F'(0,\ -\sqrt{b^2-a^2})$，長軸の長さ $2b$，短軸の長さ $2a$ の楕円

3 **円と楕円**

$a>0$，$b>0$ のとき，楕円 $\dfrac{x^2}{a^2}+\dfrac{y^2}{b^2}=1$ は，円 $x^2+y^2=a^2$ を，

x 軸を基準として y 軸方向に $\dfrac{b}{a}$ 倍した曲線

A

□ *222　2点 $(2,\ 0)$，$(-2,\ 0)$ を焦点とし，2つの焦点からの距離の和が6である楕円の
方程式を求めよ。
⑳p.107練習5

□ **223**　次の楕円の焦点と頂点の座標を求め，その概形をかけ。また，長軸と短軸の長さを
いえ。
⑳p.108練習6

　*(1)　$\dfrac{x^2}{9}+\dfrac{y^2}{4}=1$ 　　　　(2)　$\dfrac{x^2}{4}+y^2=1$ 　　　　*(3)　$3x^2+4y^2=48$

□ **224**　次の楕円の焦点と頂点の座標を求め，その概形をかけ。また，長軸と短軸の長さを
いえ。
⑳p.109練習7

　*(1)　$\dfrac{x^2}{9}+\dfrac{y^2}{25}=1$ 　　　　(2)　$x^2+\dfrac{y^2}{16}=1$ 　　　　(3)　$3x^2+y^2=6$

□ *225　円 $x^2+y^2=25$ を次のように変形すると，どのような曲線になるか。

　(1)　x 軸を基準として，y 軸方向に $\dfrac{7}{5}$ 倍に拡大する。
⑳p.109練習8，問1

　(2)　y 軸を基準として，x 軸方向に2倍に拡大する。

□ **226** 次の条件を満たす楕円の方程式を求めよ。　　　　　　　　　　　　　(敎p.107, 108)

　*(1)　2点 $(3, 0)$，$(-3, 0)$ を焦点とし，長軸の長さが 8

　*(2)　長軸，短軸がともに座標軸上にあり，2点 $(-1, \sqrt{6})$，$(\sqrt{2}, 2)$ を通る

　(3)　2点 $(0, 4)$，$(0, -4)$ を焦点とし，長軸と短軸の長さの差が 4

　*(4)　2点 $(\sqrt{3}, 0)$，$(-\sqrt{3}, 0)$ を焦点とし，点 $(2, 1)$ を通る

□ **227**　楕円 $\dfrac{x^2}{9}+\dfrac{y^2}{4}=1$ 上の点 P と点 A$(1, 0)$ の距離 d の最大値と最小値を求めよ。

例題 11

　円 $C_1 : (x-1)^2+y^2=4$ に外接し，円 $C_2 : (x+1)^2+y^2=36$ に内接する円 C の中心 P の
軌跡を求めよ。

解答　円 C_1 は，中心が A$(1, 0)$ で半径が 2 の円，

　　　円 C_2 は，中心が B$(-1, 0)$ で半径が 6 の円である。

　　　円 C の半径を r とすると，円 C は円 C_1 に外接するから　PA$=r+2$　……①

　　　円 C は円 C_2 に内接するから　PB$=6-r$　$(r<6)$　　　　　　　……②

　　　①，②の辺々を加えると　PA$+$PB$=8$（一定）

　　　よって，点 P は 2点 A，B を焦点として，2点からの距離の和が 8 の楕円上
　　　にあることがわかる。

　　　線分 AB の中点が原点であるから，この楕円の方程式は

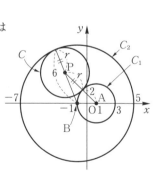

$$\frac{x^2}{a^2}+\frac{y^2}{b^2}=1\quad(a>b>0)$$

　　　と表すことができる。A$(1, 0)$ であるから

$$\sqrt{a^2-b^2}=1$$

　　　辺々を2乗すると　$a^2-b^2=1^2$　　　　……③

　　　また，長軸の長さが 8 であるから　$2a=8$　……④

　　　③，④と $b>0$ より　$a=4$，$b=\sqrt{15}$

　　　ゆえに，求める点 P の軌跡は　**楕円 $\dfrac{x^2}{16}+\dfrac{y^2}{15}=1$**　**答**

□ **228**　円 $C_1 : (x-2)^2+y^2=9$ に外接し，円 $C_2 : (x+2)^2+y^2=81$ に内接する円 C の中心 P
　　　の軌跡を求めよ。

3 双曲線 教 p.110〜114

① 双曲線の方程式

双曲線　2 定点 F，F′ からの距離の差が一定である点の軌跡

この 2 定点 F，F′ を双曲線の 焦点 という。

双曲線 $\dfrac{x^2}{a^2} - \dfrac{y^2}{b^2} = 1$ $(a>0,\ b>0)$ において

焦点は $F(\sqrt{a^2+b^2},\ 0)$，$F'(-\sqrt{a^2+b^2},\ 0)$

頂点は点 $(-a,\ 0)$，$(a,\ 0)$

双曲線上の点 P について　$|PF - PF'| = 2a$

② 漸近線

双曲線 $\dfrac{x^2}{a^2} - \dfrac{y^2}{b^2} = 1$ $(a>0,\ b>0)$ の漸近線は

2 直線 $y = \dfrac{b}{a}x$，$y = -\dfrac{b}{a}x$

2 つの漸近線が直交する双曲線を 直角双曲線 という。

③ 焦点が y 軸上にある双曲線

方程式 $\dfrac{x^2}{a^2} - \dfrac{y^2}{b^2} = -1$ $(a>0,\ b>0)$ の表す図形は，

焦点が $F(0,\ \sqrt{a^2+b^2})$，$F'(0,\ -\sqrt{a^2+b^2})$，漸近線が 2 直線 $y = \dfrac{b}{a}x$，$y = -\dfrac{b}{a}x$ の双曲線

A

□ **229**　2 点 $(3,\ 0)$，$(-3,\ 0)$ を焦点とし，2 つの焦点からの距離の差が 4 である双曲線の
方程式を求めよ。 教 p.111 練習 9

□ **230**　次の双曲線の焦点と頂点の座標を求めよ。 教 p.111 練習 10

(1) $\dfrac{x^2}{9} - \dfrac{y^2}{16} = 1$　　　　　　　　　(2) $\dfrac{x^2}{4} - y^2 = 1$

□ **231**　次の双曲線の焦点，頂点の座標と漸近線の方程式を求め，その概形をかけ。

(1) $\dfrac{x^2}{9} - \dfrac{y^2}{4} = 1$　　　(2) $2x^2 - y^2 = 8$　　　*(3) $x^2 - y^2 = 4$ 教 p.113 練習 11

□ **232**　次の条件を満たす直角双曲線の方程式を求めよ。 教 p.113 練習 12

*(1) 頂点が 2 点 $(2,\ 0)$，$(-2,\ 0)$　　　(2) 焦点が 2 点 $(\sqrt{6},\ 0)$，$(-\sqrt{6},\ 0)$

□*233 次の双曲線の焦点，頂点の座標と漸近線の方程式を求め，その概形をかけ。

(1) $\dfrac{x^2}{16}-\dfrac{y^2}{9}=-1$ (2) $x^2-y^2=-2$ 教p.114練習13

□234 次の条件を満たす双曲線の方程式を求めよ。 (教p.111〜113)

(1) 2点 $(4,\ 0)$，$(-4,\ 0)$ を焦点，2点 $(3,\ 0)$，$(-3,\ 0)$ を頂点とする

*(2) 2直線 $y=2x$，$y=-2x$ を漸近線とし，点 $(1,\ 2\sqrt{3})$ を通る

(3) 2点 $(\sqrt{5},\ 0)$，$(-\sqrt{5},\ 0)$ を焦点とし，点 $(3,\ 2)$ を通る

*(4) 2点 $(0,\ 4)$，$(0,\ -4)$ を焦点とし，点 $(2,\ 2\sqrt{6})$ を通る

3
1節 2次曲線

例題 **12**

円 $C_1:(x+2)^2+y^2=4$ に外接し，点 A$(2,\ 0)$ を通る円 C の中心 P の軌跡を求めよ。

考え方 円 C_1 の中心を B とするとき，PA と PB の差に注目する。

解答 円 C_1 の中心を B，円 C の半径を r とおくと，

PA$=r$，PB$=r+2$ が成り立つことから

PB$-$PA$=2$（一定）

よって，求める軌跡は2点 A，B を焦点とし，

焦点からの距離の差が2である双曲線であり，

PB$>$PA より，点 A 側の右半分である。

線分 AB の中点は原点であるから，求める双曲線は $\dfrac{x^2}{a^2}-\dfrac{y^2}{b^2}=1\ (a>0,\ b>0)$

と表せて $\sqrt{a^2+b^2}=2,\ 2a=2$

これより $a=1,\ b=\sqrt{3}$

ゆえに，求める点 P の軌跡は**双曲線 $x^2-\dfrac{y^2}{3}=1$ の右半分**である。 **答**

□235 次の条件を満たす点 P の軌跡を求めよ。

(1) 円 $C_1:(x-4)^2+y^2=16$ に外接し，点 A$(-4,\ 0)$ を通る円 C の中心 P

(2) 2つの円 $C_1:x^2+(y-4)^2=4$，$C_2:x^2+(y+4)^2=16$ の両方に外接する円 C の中心 P

□236 双曲線 $x^2-4y^2=4$ 上の点 P を通り y 軸に平行な直線と，この双曲線の2本の漸近線との交点をそれぞれ A，B とするとき，PA・PB は一定であることを示せ。

4 2次曲線の平行移動 教p.115〜116

方程式 $f(x, y) = 0$ で表される図形 F を
x 軸方向に p, y 軸方向に q だけ平行移動
して得られる図形 F' の方程式は

$$f(x-p, y-q) = 0$$

(参考)

方程式 $f(x, y) = 0$ で表される図形 F を

・x 軸に関して対称移動して得られる図形の方程式は $\quad f(x, -y) = 0$

・y 軸に関して対称移動して得られる図形の方程式は $\quad f(-x, y) = 0$

・原点に関して対称移動して得られる図形の方程式は $\quad f(-x, -y) = 0$

A

□ **237** 次の曲線を x 軸方向に 2, y 軸方向に -1 だけ平行移動して得られる曲線の方程式を求めよ。 教p.115 練習14

*(1) $y^2 = -3x$

(2) $\dfrac{x^2}{4} + \dfrac{y^2}{9} = 1$

*(3) $\dfrac{x^2}{3} - \dfrac{y^2}{4} = -1$

□ **238** 次の方程式は，どのような図形を表すか。また，その概形をかけ。 教p.116 練習15

*(1) $y^2 + 4x - 4y = 0$

*(2) $9x^2 + 4y^2 + 36x - 24y + 36 = 0$

(3) $4x^2 - y^2 + 16x + 2y + 19 = 0$

B

□ **239** 次の曲線の方程式を求めよ。 (教p.115 練習14)

*(1) 点 $(1, 3)$ を焦点とし，準線が直線 $y = -1$ である放物線

*(2) 2 点 $(-1, 2)$, $(3, 2)$ を焦点とし，2 焦点からの距離の和が 6 である楕円

(3) 2 点 $(2, -3)$, $(8, -3)$ を焦点とし，2 頂点間の距離が 2 である双曲線

□ *** 240** 点 $(2, 2)$ が 1 つの焦点で，2 直線 $x - y + 3 = 0$, $x + y - 1 = 0$ を漸近線とする双曲線の方程式を求めよ。 (教p.115 練習14)

□ **241** ある曲線を x 軸方向に 4, y 軸方向に 3 だけ平行移動し，さらに x 軸に関して対称移動すると，曲線 $x^2 + 2y^2 - 8x + 12y + 32 = 0$ になった。もとの曲線はどのような曲線か。 (教p.116 練習15)

5 　**2次曲線と直線** ㊙p.117〜119

① **2次曲線と直線の共有点** 　② **2次曲線に引いた接線の方程式**

2次曲線 $f(x, y)=0$ と直線 $y=mx+n$ の共有点の個数は，方程式から x または y を消去して得られる2次方程式の異なる実数解の個数を考える。

③ **2次曲線が切り取る線分の中点**

曲線の切れ目なくつながった部分が直線から線分を切り取るとき，この線分を曲線の **弦** という。

A

□ **242** 次の2次曲線と直線について，共有点の個数を調べよ。 （㊙p.117）

(1) $y^2=4x$, $2x-y=4$ 　　　　*(2) $\dfrac{x^2}{3}+\dfrac{y^2}{6}=1$, $x+y=3$

*(3) $\dfrac{x^2}{4}-\dfrac{y^2}{9}=-1$, $x+y=-2$

□ ***243** 楕円 $x^2+\dfrac{y^2}{2}=1$ と直線 $y=-x+k$ について，次の問いに答えよ。 　㊙p.117 練習16

(1) 共有点の個数を調べよ。

(2) 楕円と直線が接するとき，接線の方程式および接点の座標を求めよ。

□ **244** 次の点 A から，曲線 C に引いた接線の方程式を求めよ。 　㊙p.118 練習17, 18

(1) A$(-2, 0)$, $C: y^2=8x$ 　　　*(2) A$(2, 0)$, $C: \dfrac{x^2}{2}+\dfrac{y^2}{8}=1$

*(3) A$(-2, -2)$, $C: x^2-\dfrac{y^2}{4}=-1$

B

□ **245** 次の2次曲線と直線が交わってできる弦の中点の座標を求めよ。 　㊙p.119 練習19

(1) $y^2=6x$, $y=-x+3$ 　　　　*(2) $\dfrac{x^2}{3}+\dfrac{y^2}{4}=1$, $y=2x+1$

*(3) $\dfrac{x^2}{3}-\dfrac{y^2}{2}=1$, $y=x-2$

2次曲線上の点 $(x_1,\ y_1)$ における接線の方程式は次のようになる。

1. 放物線 $y^2=4px$ の接線の方程式は $\qquad y_1 y=2p(x+x_1)$

2. 楕円 $\dfrac{x^2}{a^2}+\dfrac{y^2}{b^2}=1$ の接線の方程式は $\qquad \dfrac{x_1 x}{a^2}+\dfrac{y_1 y}{b^2}=1$

3. 双曲線 $\dfrac{x^2}{a^2}-\dfrac{y^2}{b^2}=1$ の接線の方程式は $\qquad \dfrac{x_1 x}{a^2}-\dfrac{y_1 y}{b^2}=1$

◆━━━━━━━◤ **A** ◢━━━━━━━◆

□*246 次の2次曲線上の与えられた点における接線の方程式を求めよ。 ⓣp.120 演習1

(1) $y^2=2x$, $(8,\ 4)$

(2) $\dfrac{x^2}{3}+\dfrac{y^2}{6}=1$, $(1,\ -2)$

(3) $\dfrac{x^2}{6}-\dfrac{y^2}{2}=1$, $(3,\ 1)$

◆━━━━━━━◤ **B** ◢━━━━━━━◆

□*247 楕円 $4x^2+9y^2=36$ について，次の問いに答えよ。 (ⓣp.120)

(1) 楕円上の点 $(x_1,\ y_1)$ における接線の方程式を，x_1, y_1 を用いて表せ。

(2) (1)の結果を用いて，点 $(6,\ 2)$ を通る接線の方程式を求めよ。

◆━━━━━━━◤ **C** ◢━━━━━━━◆

□248 双曲線 $x^2-\dfrac{y^2}{9}=1$ 上の点 P における接線と，この双曲線の2本の漸近線との交点を A，B とする。点 P は線分 AB の中点となることを示せ。

□249 楕円 $\dfrac{x^2}{2}+y^2=1$ 上の点 $P(p,\ q)$ における接線を l

とする。図のように，接線 l と x 軸，y 軸との交点
をそれぞれ A，B とする。点 P が第1象限にある
とき，△OAB の面積の最小値を求めよ。また，
そのときの点 P の座標を求めよ。

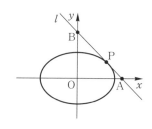

6 軌跡と 2 次曲線　　　　　　　　　　　　　　　　㊙p.121〜123

① 線分の内分点の軌跡

② 2 次曲線の離心率

定点 F からの距離 PF と，定直線 l（準線）からの

距離 PH の比の値 $\dfrac{PF}{PH}$ が e となる点 P の軌跡は

$\quad 0<e<1$ のとき　楕円

$\quad e=1$ のとき　　　放物線

$\quad e>1$ のとき　　　双曲線

このときの e を 2 次曲線の 離心率 という。

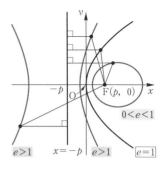

$e>1 \quad x=-p \mid e>1 \qquad e=1$

◆ **A** ◆

□ **250** 点 P と定点 F の距離 PF と，点 P と定直線 l の距離 PH の比の値 $\dfrac{PF}{PH}$ を e とする。

定点 F の座標，定直線 l の方程式，e の値が次で与えられたとき，点 P の軌跡を
求めよ。　　　　　　　　　　　　　　　　　㊙p.122 練習 21

*(1)　点 F(2, 0)，直線 $l : x=0$，$e=1$

(2)　点 F(1, 0)，直線 $l : x=4$，$e=\dfrac{1}{2}$

*(3)　点 F(0, -1)，直線 $l : x=2$，$e=\sqrt{3}$

◆ **B** ◆

□ **251** 長さ 4 の線分 AB がある。端点 A は x 軸上を，端点 B は y 軸上を動くとき，
次の点の軌跡を求めよ。　　　　　　　　　　　㊙p.121 練習 20，問 2

*(1)　線分 AB を $1:3$ に内分する点 P

(2)　線分 AB を $1:3$ に外分する点 Q

□ **252** 点 F(0, 4) からの距離と，直線 $y=2$ からの距離の比が $\sqrt{3}:1$ である点 P の軌跡を
求めよ。　　　　　　　　　　　　　　　　　（㊙p.122）

◆ **C** ◆

□ **253** 2 直線 $y=\dfrac{1}{2}x$，$y=-\dfrac{1}{2}x$ までの距離の積が 4 であるような点 P の軌跡を求めよ。

☐ **254** $a,\ c$ を $a>c>0$ を満たす実数とする。点 P と定点 $F(c,\ 0)$ からの距離 PF と，点 P と定直線 $l:x=\dfrac{a^2}{c}$ の距離 PH の比の値 $e=\dfrac{PF}{PH}$ について，$e=\dfrac{c}{a}$ を満たす点 P の軌跡を求めよ。

例題 13

楕円 $4x^2+y^2=16$ と直線 $y=2x+k$ が異なる 2 点で交わるとき，直線が楕円によって切り取られる線分の中点 P の軌跡を求めよ。

〈考え方〉楕円と直線の方程式から y を消去した 2 次方程式の判別式と解と係数の関係を利用する。

解答　　$4x^2+y^2=16$ ……①

$y=2x+k$　　……② とおく。

①，②から　$4x^2+(2x+k)^2=16$

整理して　$8x^2+4kx+k^2-16=0$ ……③

③の判別式を D とおくと，楕円①と直線②

が異なる 2 点で交わるための必要十分条件

は $D>0$ であるから

$$\frac{D}{4}=(2k)^2-8(k^2-16)$$
$$=-4k^2+128=-4(k^2-32)>0$$

であるから　$k^2-32<0$

よって，k のとりうる値の範囲は

$-4\sqrt{2}<k<4\sqrt{2}$　　　　……④

このとき，中点 P の座標を $(x,\ y)$，

③の 2 つの解を $\alpha,\ \beta$ とおくと，

解と係数の関係から

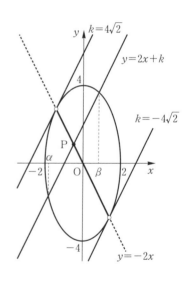

$$x=\frac{\alpha+\beta}{2}=\frac{1}{2}\left(-\frac{4k}{8}\right)=-\frac{k}{4}$$

$$y=2x+k=2\left(-\frac{k}{4}\right)+k=\frac{k}{2}$$

k を消去して　$y=-2x$

また，$k=-4x$ であるから，④より　$-\sqrt{2}<x<\sqrt{2}$

よって，求める軌跡は

直線 $y=-2x$ の $-\sqrt{2}<x<\sqrt{2}$ の部分　**答**

☐ **255** 双曲線 $x^2-y^2=1$ と直線 $y=-2x+k$ が異なる 2 点で交わるとき，直線が双曲線によって切り取られる弦の中点 P の軌跡を求めよ。

2節 媒介変数表示と極座標

1 媒介変数表示

新 p.126〜130

座標平面上の曲線が変数 t によって $x=f(t)$, $y=g(t)$ の形に
表されるとき，これをその曲線の **媒介変数表示** といい，
t を **媒介変数** または **パラメータ** という。

・放物線 $y^2=4px$ の媒介変数表示
  $x=pt^2$, $y=2pt$

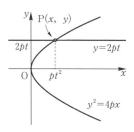

① 円と楕円の媒介変数表示

・円 $x^2+y^2=a^2$ $(a>0)$ の媒介変数表示 $x=a\cos\theta$, $y=a\sin\theta$

・楕円 $\dfrac{x^2}{a^2}+\dfrac{y^2}{b^2}=1$ $(a>0,\ b>0)$ の媒介変数表示 $x=a\cos\theta$, $y=b\sin\theta$

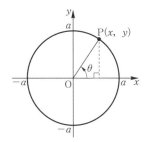 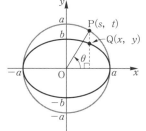

② 双曲線の媒介変数表示

・双曲線 $\dfrac{x^2}{a^2}-\dfrac{y^2}{b^2}=1$ $(a>0,\ b>0)$ の媒介変数表示

  $x=\dfrac{a}{\cos\theta}$, $y=b\tan\theta$

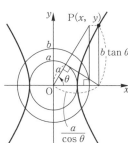

③ 定点を通る直線群と円の媒介変数表示

定点 $\mathrm{A}(-1,\ 0)$ を通る傾き $\tan\dfrac{\theta}{2}$ の直線と

円 $x^2+y^2=1$ との交点から

$$t=\tan\frac{\theta}{2},\ x=\cos\theta=\frac{1-t^2}{1+t^2},\ y=\sin\theta=\frac{2t}{1+t^2}$$

ただし，点 $(-1,\ 0)$ を除く。

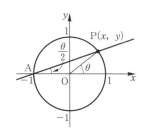

4 サイクロイド

1つの円が定直線上を滑ることなく転がるとき，その円の周上の定点が描く曲線
円の半径が a であるとき　$x=a(\theta-\sin\theta)$, $y=a(1-\cos\theta)$

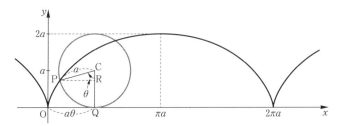

◢◣◢◣ A ◢◣◢◣

□ **256** t を媒介変数とする。次の媒介変数表示はどのような曲線を表すか。

(1) $x=3-t$, $y=t^2-6t$ 　　　　　　*(2) $x=8t^2$, $y=4t$ 　　　教p.126 練習1

□ **257** 次の方程式で表される曲線を，媒介変数 θ を用いて表せ。 　　教p.127 練習2

(1) $x^2+y^2=25$ 　　　　　　　　*(2) $\dfrac{x^2}{16}+\dfrac{y^2}{4}=1$

*(3) $(x+3)^2+(y-4)^2=2$

□ *258 θ を媒介変数とする。次の媒介変数表示はどのような曲線を表すか。 　教p.128 練習3

(1) $x=4\cos\theta-1$, $y=4\sin\theta$

(2) $x=5\cos\theta+2$, $y=4\sin\theta-3$

□ **259** θ を媒介変数とする。次の媒介変数表示はどのような曲線を表すか。 　　教p.128

*(1) $x=\dfrac{1}{\cos\theta}$, $y=2\tan\theta$ 　　　　　(2) $x=3\tan\theta$, $y=\dfrac{4}{\cos\theta}$

□ *260 円 $x^2+y^2=4$ と直線 $y=t(x-2)$ の交点を求め，点 $(2, 0)$ を除くこの円を t を媒介変数として表せ。 　　教p.129 練習4

□ *261 サイクロイド $x=2(\theta-\sin\theta)$, $y=2(1-\cos\theta)$ 上の点 P(x, y) について，次の問いに答えよ。 　　教p.130 練習5

(1) $\theta=\dfrac{\pi}{6}$, $\dfrac{\pi}{2}$ のとき，点 P の座標を求めよ。

(2) y 座標が3となる θ の値を求めよ。ただし，$0\leqq\theta<2\pi$ とする。

□ **262** t の値が実数全体で変化するとき，次の点はどのような曲線上を動くか。

   (1)　放物線 $y=x^2-2tx+4t$ の頂点 P   (教)p.126 練習 1)

   (2)　円 $x^2+y^2+2t^2x-2(t^2-1)y+2t^4-2t^2=0$ の中心 C

□ *263** 長方形 ABCD は楕円 $x^2+\dfrac{y^2}{3}=1$ に内接し，辺 AB は x 軸に平行，辺 AD は y 軸に

    平行である。また，頂点 A は第 1 象限にあるものとする。A の座標が

    A$(\cos\theta,\ \sqrt{3}\sin\theta)$ と表せることを用いて，長方形 ABCD の周の長さ l の最大値を

    求めよ。   (教)p.126〜129)

例題 14

   t を媒介変数とする。次の媒介変数表示はどのような曲線を表すか。

$$x=t+\frac{1}{t},\ \ y=t-\frac{1}{t}$$

〈考え方〉 媒介変数 t を消去して，$x,\ y$ の関係式を求める。定義域が制限される場合がある。

解答 与えられた媒介変数表示から

   $x^2=\left(t+\dfrac{1}{t}\right)^2=t^2+2+\dfrac{1}{t^2}$ ……①， $y^2=\left(t-\dfrac{1}{t}\right)^2=t^2-2+\dfrac{1}{t^2}$ ……②

①−②より　$x^2-y^2=4$

よって，**双曲線** $\dfrac{x^2}{4}-\dfrac{y^2}{4}=1$ を表す。　**答**

□ **264** t を媒介変数とする。次の媒介変数表示はどのような曲線を表すか。

$$x=t+\frac{1}{t}+3,\ \ y=2\left(t-\frac{1}{t}\right)-1$$

□ **265** t を媒介変数とする。次の媒介変数表示はどのような曲線を表すか。

   (1)　$x=\cos t,\ y=\cos 2t$ (2)　$x=\sin t+2\cos t,\ y=2\sin t-\cos t$

   (3)　$x=\sin t+\cos t,\ y=\sin t\cos t$ (4)　$x=\dfrac{2}{1+t^2},\ y=\dfrac{2t}{1+t^2}$

□ **266** 2 直線 $y-tx=0,\ x+4ty=4$ について，次の問いに答えよ。

   (1)　2 直線の交点を P とするとき，点 P の座標を t を用いて表せ。

   (2)　t が実数全体を変化するとき，交点 P の軌跡を求めよ。

2 極座標

教 p.131〜133

1 **極座標**

平面上に 1 つの定点 O と半直線 OX を定める。

平面上の O 以外の任意の点 P について，
動径 OP が半直線 OX となす角を θ，OP の長さを r
とすると，r と θ が定まれば点 P の位置が決まる。

このときの 2 つの数の組 (r, θ) を点 P の **極座標** といい，
定点 O を **極**，半直線 OX を **始線**，角 θ を **偏角** という。

偏角 θ は弧度法で表す。

極 O の極座標は $(0, \theta)$ で表し，θ は任意とする。

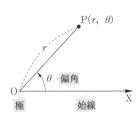

2 **極座標と直交座標の関係**

点 P の直交座標 (x, y) と極座標 (r, θ) の間に次の関係がある。

極座標→直交座標 $\quad x = r\cos\theta,\ y = r\sin\theta$

直交座標→極座標 $\quad r = \sqrt{x^2 + y^2}$，$r \neq 0$ のとき $\quad \cos\theta = \dfrac{x}{r},\ \sin\theta = \dfrac{y}{r}$

A

□ *267 次の極座標で表された点を図示せよ。

教 p.131 練習 6

$$A\left(2,\ \frac{\pi}{4}\right),\ B\left(3,\ \frac{3}{2}\pi\right),\ C\left(4,\ -\frac{7}{6}\pi\right),\ D\left(1,\ -\frac{7}{3}\pi\right)$$

□ *268 極 O を中心とする半径 2 の円に内接する正八角形に
おいて，右の図のように半直線 OX を始線とするとき，
頂点 A，D，E を極座標 (r, θ) で表せ。
ただし，$0 \leqq \theta < 2\pi$ とする。

教 p.132 練習 7

□ 269 次の極座標で表された点を直交座標で表せ。

教 p.133 練習 8

*(1) $\left(4,\ \dfrac{\pi}{3}\right)$　　　　(2) $\left(2,\ \dfrac{3}{4}\pi\right)$　　　*(3) $\left(2\sqrt{3},\ -\dfrac{5}{6}\pi\right)$

□ 270 次の直交座標で表された点を極座標 (r, θ) で表せ。ただし，$0 \leqq \theta < 2\pi$ とする。

*(1) $(1,\ 1)$　　　　*(2) $(-1,\ \sqrt{3})$　　　(3) $(3,\ -\sqrt{3})$ 教 p.133 練習 9

B

□ 271 極座標で表された次の 2 点 A，B と極 O について，2 点 A，B 間の距離，および
△OAB の面積を求めよ。

(教 p.131)

*(1) $A\left(2,\ \dfrac{\pi}{4}\right),\ B\left(5,\ \dfrac{7}{12}\pi\right)$　　　(2) $A\left(4,\ \dfrac{5}{8}\pi\right),\ B\left(2\sqrt{2},\ -\dfrac{\pi}{8}\right)$

3　極方程式

① **極方程式**

曲線を極座標 $(r,\ \theta)$ に関して，方程式 $r=f(\theta)$ または $F(r,\ \theta)=0$ で表したもの。

極方程式においては $r<0$ のとき，点 $(r,\ \theta)$ は点 $(-r,\ \theta+\pi)$ と同じ点を表す。

② **直交座標の方程式と極方程式**

直交座標 $(x,\ y)$ で表された曲線の方程式は，関係式　$x=r\cos\theta,\ y=r\sin\theta$ を用いると，

極方程式で表すことができる。

③ **2次曲線の極方程式**

極 O を焦点とし，極座標が $(a,\ \pi)$ である点を通り始線に垂直な直線 l を準線とする 2 次曲線

の極方程式は，離心率を e とおくと

$$r=\frac{ea}{1-e\cos\theta}$$

*272　次の図形の極方程式を求めよ。

(1)　極 O を通り，始線 OX とのなす角が $\dfrac{\pi}{6}$ の直線

(2)　極 O を中心とする半径 1 の円

*273　極座標が $\left(2,\ \dfrac{\pi}{6}\right)$ である点 A を通り，OA に垂直な直線 l の極方程式を求めよ。

274　次の極方程式で表される直線を図示せよ。

*(1)　$r\cos\left(\theta-\dfrac{\pi}{4}\right)=2$ 　　　　　　　(2)　$r\cos\left(\theta+\dfrac{\pi}{3}\right)=1$

*275　極座標が $\left(4,\ \dfrac{\pi}{3}\right)$ である点 A と，極 O を直径の両端とする円 C の極方程式を求めよ。

276　次の極方程式で表された図形を図示せよ。

(1)　$r=4\cos\theta$ 　　　　*(2)　$r=2\sin\theta$ 　　　　(3)　$r=8\cos\left(\theta+\dfrac{\pi}{4}\right)$

*277　次の極方程式で表された曲線を，直交座標の方程式で表せ。

(1)　$r(2\cos\theta+\sin\theta)=2$ 　　　　　　　(2)　$r=4\sin\left(\theta-\dfrac{\pi}{3}\right)$

□ **278** 次の直交座標で表された曲線の方程式を，極方程式で表せ。 ㊙p.137 練習16

(1) $x-\sqrt{3}y=2$ *(2) $x^2-y^2=4$ (3) $x^2+(y-2)^2=4$

□ **279** 極 O を焦点とし，極座標が $(2,\ 0)$ である点 A を通り始線に垂直な直線 l を準線とする放物線の極方程式を求めよ。 ㊙p.138 練習17

□ **280** 次の極方程式で表された曲線を，直交座標の方程式で表せ。 ㊙p.138 問1

(1) $r=\dfrac{3}{2-\cos\theta}$ (2) $r=\dfrac{2}{1-\cos\theta}$ (3) $r=\dfrac{6}{1-2\cos\theta}$

□ **281** 次の直線の極方程式を求めよ。 (㊙p.135 練習11)

(1) 極座標が $(1,\ 0)$ である点 A を通り，始線とのなす角が $\dfrac{\pi}{3}$ の直線

(2) 極座標が $\left(4,\ \dfrac{\pi}{2}\right)$ である点 B を通り，始線とのなす角が $\dfrac{\pi}{4}$ の直線

例題 15

極座標が $\left(2,\ \dfrac{\pi}{4}\right)$ である点 A を中心とする半径 1 の円の極方程式を求めよ。

〈考え方〉 円周上の任意の点を $P(r,\ \theta)$ とおいて，条件 $AP=1$ を $r,\ \theta$ で表す。

解答 円周上の任意の点 $P(r,\ \theta)$ をとると，
△OPA において余弦定理から

$$PA^2=OP^2+OA^2-2\cdot OP\cdot OA\cos\angle AOP$$

が成り立つ。よって

$$1^2=r^2+2^2-2\cdot r\cdot 2\cos\left(\theta-\dfrac{\pi}{4}\right)$$

求める極方程式は $r^2-4r\cos\left(\theta-\dfrac{\pi}{4}\right)+3=0$ **答**

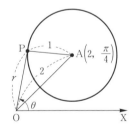

□ **282** 次の円の極方程式を求めよ。

(1) 極座標が $\left(3,\ \dfrac{\pi}{2}\right)$ である点 A を中心とし，極 O を通る円

(2) 極座標が $\left(1,\ -\dfrac{\pi}{6}\right)$ である点 B を中心とし，半径が 2 の円

☐ **283** 楕円 $\dfrac{x^2}{4}+\dfrac{y^2}{3}=1$ に内接し，辺が両軸に平行な長方形の面積の最大値と，そのときの
長方形の2辺の長さを求めよ。

☐ **284** 次の2つの2次曲線の共有点の座標を求めよ。

(1) $\dfrac{x^2}{16}+\dfrac{y^2}{4}=1$, $y^2=\dfrac{3}{2}x$ 　　　　(2) $\dfrac{x^2}{4}+\dfrac{y^2}{9}=1$, $(x-1)^2-\dfrac{y^2}{4}=1$

☐ **285** 放物線 $y^2=4x$ と楕円 $x^2+4y^2=8$ の両方に接する接線の方程式を求めよ。

☐ **286** $p>0$ とする。放物線 $y^2=4px$ の焦点を F とする。
放物線上の頂点でない点 P$(a,\ b)$ における接線 l
と x 軸との交点を Q とする。次の問いに答えよ。

(1) PF，FQ の長さを $a,\ p$ を用いて表せ。

(2) 点 H$(2a,\ b)$ をとり，接線 l 上に x 座標が
$2a$ である点を R とする。
このとき，$\angle \mathrm{HPR}=\angle \mathrm{FPQ}$ であることを示せ。

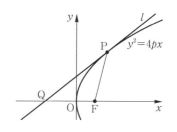

☐ **287** 点 P$(x,\ y)$ が楕円 $x^2+4y^2=4$ の周および内部を動くとき，点 Q$(x+2y,\ 4xy)$ の
存在する範囲を図示せよ。

☐ **288** 2直線 $x-y+2=0$, $x+y-2=0$ と直線 $y=tx$ の交点をそれぞれ A，B とするとき，
次の問いに答えよ。

(1) A，B の座標を t を用いて表せ。

(2) 線分 AB の中点 P の軌跡を求めよ。

☐ **289** 楕円 $\dfrac{x^2}{4}+y^2=1$ 上の点 P から，直線 $x-2\sqrt{3}y+8=0$ に引いた垂線の長さの最大値，
最小値を求めよ。また，そのときの点 P の座標を求めよ。

☐ **290** 双曲線 $\dfrac{x^2}{4}-\dfrac{y^2}{9}=1$ 上の点 P を通り，この双曲線の2本の漸近線に平行な2直線と，
漸近線でつくられる平行四辺形の面積は一定であることを示せ。

068

□ **291** 図のように，原点を中心とする半径1の円 C_1 の外側を，
半径1の円 C_2 が円 C_1 に外接しながらすべること
なく転がるとき，円 C_2 上の点 P(x, y) の座標を
θ を用いて表したい。
ただし，点 P は，はじめ $(1, 0)$ にあるとする。
このとき，次の問いに答えよ。

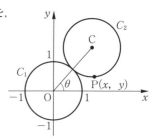

(1) 円 C_2 が角 θ だけ回転したとき，円 C_2 の中心 C
の座標を求めよ。

(2) $\overrightarrow{CP}$ を θ を用いて表せ。

(3) $\overrightarrow{OP}$ を求めることにより，x, y を θ を用いて表せ。

□ **292** 点 O を原点とする座標平面において，直線 $y=1$ 上に点 P をとり，点 Q を $\triangle$OPQ
が正三角形となるように定める。ただし，3 点 O, P, Q はこの順に時計回りに並ぶ
ものとする。　　　　　　　　　　　　　　　　　　　　　　　　　　（16 愛知教育大）

(1) 点 P が直線 $y=1$ 上を動くとき，点 Q の軌跡を極方程式で表せ。

(2) (1)で求めた点 Q の軌跡を，直交座標についての方程式で表せ。

Prominence

□ **293** a, b, c, d, e を実数とし，x, y の方程式
$$ax^2+by^2+cx+dy+e=0 \quad \cdots\cdots\text{①}$$
の表す図形について考える。
右の図は，①に $a=1$, $b=2$, $c=8$, $d=-4$, $e=0$
を代入したときの曲線①である。
この状態から，a, b, c, d, e の値を次のように
変化させるとき，下の Ⓐ～Ⓔ のうち，方程式①が表す図形として考えられるものを
すべて選べ。

(1) a, c, d, e の値は変えずに，b の値だけを $b \geqq 0$ の範囲で変化させる。

(2) a, b, d, e の値は変えずに，c の値だけを実数全体で変化させる。

　　Ⓐ 円　　　　Ⓑ 楕円　　　Ⓒ 放物線　　　Ⓓ 双曲線　　　Ⓔ 直線

1章 ベクトル

1節 平面上のベクトル

1 (1) $\vec{d}$ と $\vec{i}$, $\vec{g}$ と $\vec{j}$

(2) $\vec{b}$ と $\vec{f}$, $\vec{d}$ と $\vec{i}$, $\vec{g}$ と $\vec{j}$

(3) $\vec{a}$ と $\vec{g}$ と $\vec{h}$ と $\vec{j}$, $\vec{b}$ と $\vec{d}$ と $\vec{e}$ と $\vec{i}$

2 (1)

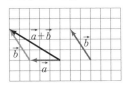

(2)

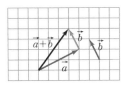

(3)

3 (1) 証明略　(2) 証明略

4 (1)

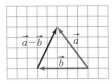

(2)

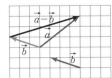

(3)

5 (1) $-2\vec{a}$　(2) $\vec{a}-\vec{b}$

(3) $\vec{b}-\vec{a}$　(4) $-\vec{a}-\vec{b}$

6 (1)

(2)

7 (1) $2\vec{a}$　(2) $-\vec{a}+5\vec{b}$

(3) $-7\vec{a}+3\vec{b}$　(4) $-\vec{p}-\vec{q}$

8 (1) $\vec{x}=2\vec{a}-3\vec{b}$

(2) $\vec{x}=-3\vec{a}+\dfrac{5}{2}\vec{b}$

9 (1) $\vec{b}-\vec{a}$　(2) $-2\vec{b}$

(3) $2\vec{a}-2\vec{b}$　(4) $-\vec{a}-\vec{b}$

(5) $\vec{a}-2\vec{b}$　(6) $2\vec{a}-\vec{b}$

10 (1) $\dfrac{\sqrt{5}}{5}\overrightarrow{OA}$　(2) $\pm\dfrac{1}{2}\overrightarrow{OB}$

(3) $\pm\dfrac{1}{3}(\overrightarrow{OB}-\overrightarrow{OA})$

11 $\vec{c}=2\vec{a}+3\vec{b}$, $\vec{d}=-3\vec{a}+3\vec{b}$,

$\vec{e}=-\vec{a}-4\vec{b}$, $\vec{f}=\vec{a}-2\vec{b}$

12 (1) $x=\dfrac{3}{2}$, $y=-2$

(2) $x=-\dfrac{5}{3}$, $y=2$

13 (1) $\vec{x}=\dfrac{1}{4}\vec{a}+\dfrac{1}{4}\vec{b}$, $\vec{y}=-\dfrac{1}{4}\vec{a}+\dfrac{3}{4}\vec{b}$

(2) $\vec{x}=\dfrac{2}{7}\vec{a}-\dfrac{1}{7}\vec{b}$, $\vec{y}=-\dfrac{1}{7}\vec{a}+\dfrac{4}{7}\vec{b}$

14 $\vec{a}=(-1, -2)$, $|\vec{a}|=\sqrt{5}$

$\vec{b}=(4, -3)$, $|\vec{b}|=5$

$\vec{c}=(3, 3)$, $|\vec{c}|=3\sqrt{2}$

$\vec{d}=(-6, 4)$, $|\vec{d}|=2\sqrt{13}$

$\vec{e}=(0, 4)$, $|\vec{e}|=4$

15 (1) $2\vec{a}+\vec{b}=(3,\ 4),\ |2\vec{a}+\vec{b}|=5$

(2) $3\vec{a}-2\vec{b}=(-13,\ 13),\ |3\vec{a}-2\vec{b}|=13\sqrt{2}$

(3) $(\vec{a}-3\vec{b})-2(\vec{a}-2\vec{b})=(6,\ -5)$
$|(\vec{a}-3\vec{b})-2(\vec{a}-2\vec{b})|=\sqrt{61}$

16 (1) $\overrightarrow{OA}=(1,\ -3),\ |\overrightarrow{OA}|=\sqrt{10}$

(2) $\overrightarrow{AB}=(3,\ 4),\ |\overrightarrow{AB}|=5$

(3) $\overrightarrow{BC}=(-9,\ -3),\ |\overrightarrow{BC}|=3\sqrt{10}$

(4) $\overrightarrow{CA}=(6,\ -1),\ |\overrightarrow{CA}|=\sqrt{37}$

17 (1) $x=-4,\ y=3$

(2) $x=8,\ y=13$

18 $t=-3$

19 (1) $\vec{c}=-\vec{a}+3\vec{b}$

(2) $\vec{c}=\dfrac{2}{3}\vec{a}-\vec{b}$

20 (1) $\vec{x}=(2,\ -1),\ \vec{y}=(-5,\ 1)$

(2) $s=\dfrac{1}{3},\ t=-\dfrac{2}{3}$

21 (1) $t=1$ のとき，$\vec{c}=(-1,\ 3)$
$t=3$ のとき，$\vec{c}=(3,\ 1)$

(2) $t=2$ のとき　$\sqrt{5}$

22 (1) $5\sqrt{2}$　　(2) $-\dfrac{3}{2}$

23 (1) 1　　(2) 0　　(3) 1

(4) -1　　(5) -1

24 (1) 7　　(2) -6　　(3) 0

25 (1) $\theta=30°$　　(2) $\theta=135°$　　(3) $\theta=120°$

26 (1) $\theta=45°$　　(2) $\theta=90°$　　(3) $\theta=150°$

27 (1) $x=\dfrac{5}{2}$　　(2) $x=-7,\ 2$

28 $\vec{e}=\left(\dfrac{3\sqrt{10}}{10},\ -\dfrac{\sqrt{10}}{10}\right),\ \left(-\dfrac{3\sqrt{10}}{10},\ \dfrac{\sqrt{10}}{10}\right)$

29 $\vec{d}=(2,\ 4),\ (-2,\ -4)$

30 (1) 証明略

(2) 証明略

31 (1) 7　　(2) 24

(3) $\vec{a}\cdot\vec{b}=-6,\ |2\vec{a}-\vec{b}|=2\sqrt{14}$

32 $\theta=45°$

33 (1) $\theta=120°$

(2) $|\vec{b}|=\sqrt{2},\ \theta=30°$

34 (1) $t=-\dfrac{3}{4},\ \dfrac{1}{2}$

(2) $t=\pm\dfrac{9}{2}$

35 $(x,\ y)=(1+\sqrt{6},\ 3+\sqrt{6}),\ (1-\sqrt{6},\ 3-\sqrt{6})$

36 $(m,\ n)=\left(\dfrac{6\sqrt{5}}{5},\ \dfrac{8\sqrt{5}}{5}\right),\ \left(-\dfrac{6\sqrt{5}}{5},\ -\dfrac{8\sqrt{5}}{5}\right)$

37 $\vec{p}=(-3,\ -1),\ (1,\ -3)$

38 (1) 証明略

(2) 証明略

39 (1) $x=\dfrac{1}{2}$ のとき　$-\dfrac{25}{2}$

(2) $-2<x<3$

40 (1) $t_0=-\dfrac{\vec{a}\cdot\vec{b}}{|\vec{b}|^2},\ m=\dfrac{\sqrt{|\vec{a}|^2|\vec{b}|^2-(\vec{a}\cdot\vec{b})^2}}{|\vec{b}|}$

(2) 証明略

41 (1) 証明略

(2) 証明略

42 (1) $\sqrt{26}$　　(2) $\dfrac{11}{2}$　　(3) 18

43 $5\sqrt{2}$

44 $\dfrac{3\sqrt{19}}{2}$

2節　ベクトルの応用

45 (1) $\vec{p}=\dfrac{4\vec{a}+3\vec{b}}{7},\ \vec{q}=4\vec{a}-3\vec{b}$

(2) $\vec{p}=\dfrac{\vec{a}+4\vec{b}}{5},\ \vec{q}=\dfrac{-\vec{a}+4\vec{b}}{3}$

46 $\vec{p}=\dfrac{\vec{a}+2\vec{b}}{3},\ \vec{g}=\dfrac{\vec{a}+5\vec{b}+3\vec{c}}{9}$

47 証明略

48 証明略

49 (1) $BC=7,\ BD=\dfrac{42}{11}$

(2) $\overrightarrow{AI}=\dfrac{5}{18}\vec{b}+\dfrac{1}{3}\vec{c}$

50 (1) $\overrightarrow{\text{AP}}=\dfrac{1}{3}\overrightarrow{\text{AB}}+\dfrac{5}{12}\overrightarrow{\text{AC}}$

　(2) 辺 BC を $5:4$ に内分する点を D として，線分 AD を $3:1$ に内分する位置

　(3) $3:4:5$

51 証明略，$\text{AF}:\text{AE}=4:7$

52 $\overrightarrow{\text{AP}}=\dfrac{1}{7}\vec{b}+\dfrac{4}{7}\vec{c}$，$\text{CP}:\text{PD}=3:4$

53 $\overrightarrow{\text{OP}}=\dfrac{2}{9}\vec{a}+\dfrac{7}{9}\vec{b}$

54 証明略，$\text{PQ}:\text{PR}=1:3$

55 (1) $\overrightarrow{\text{OF}}=\dfrac{5}{14}\vec{a}+\dfrac{3}{7}\vec{b}$　(2) $6:5$

56 (1) $\overrightarrow{\text{CQ}}=\dfrac{1}{4}\vec{b}-\vec{c}$　(2) 証明略

57 (1) $\overrightarrow{\text{AP}}=\dfrac{8}{11}\overrightarrow{\text{AB}}+\dfrac{2}{11}\overrightarrow{\text{AD}}$　(2) $1:3$

58 $\overrightarrow{\text{OH}}=\dfrac{2}{3}\overrightarrow{\text{OA}}+\dfrac{1}{9}\overrightarrow{\text{OB}}$

59 (1) $\overrightarrow{\text{OH}}=\vec{a}+\vec{b}+\vec{c}$　(2) 証明略

　(3) 証明略，$1:2$

60 証明略

61 証明略

62 (1) $\begin{cases} x=2+4t \\ y=7+3t \end{cases}$

　(2) $\begin{cases} x=3-t \\ y=-2+5t \end{cases}$

　(3) $\begin{cases} x=-1+3t \\ y=-2t \end{cases}$

63 (1) $y=-\dfrac{3}{2}x-\dfrac{3}{2}$

　(2) $y=\dfrac{5}{3}x-\dfrac{26}{3}$

64 (1) $\begin{cases} x=3+2t \\ y=1+3t \end{cases}$

　(2) $\begin{cases} x=-1+3t \\ y=4-t \end{cases}$

65 (1) $3x+4y-10=0$

　(2) $x-2y+7=0$

　(3) $x=4$

66 (1) $\vec{n_1}=(2,\ -a)$，$\vec{n_2}=(1,\ a-1)$

　(2) $a=2,\ -1$

67 (1) 証明略

　(2) $\vec{p}\cdot\vec{a}=5$

68 (1) 次の図の直線 A′B′ 上

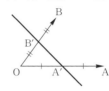

　(2) 次の図の線分 A′B′ 上

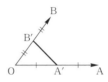

　(3) 次の図の直線 AB′ 上

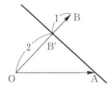

　(4) 次の図の線分 AB′ 上

69 (1) $\begin{cases} x=-3+2t \\ y=4-3t \end{cases}$

　(2) $\text{H}(1,\ -2)$，$\text{AH}=2\sqrt{13}$

70 (1) $\alpha=60°$　(2) $\alpha=45°$

71 (1) 次の図の △OCD の周および内部

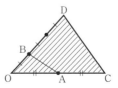

(2) 次の図の△OAE の周および内部

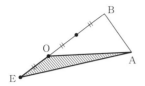

(3) 次の図の△OFB の周および内部

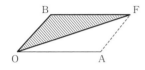

(4) 次の図の△OGH の周および内部

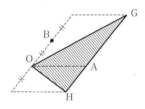

72 (1) 点 O を通り，辺 OA に垂直な直線上

(2) 点 O に関して点 A と対称な点を C，辺 OB の中点を D としたとき，線分 CD を直径とする円上

(3) 辺 OA の中点を通り，辺 OB に垂直な直線上

(4) 点 O を端点とし，線分 OA と 60° の角をなす 2 本の半直線上

73 (1) 線分 OA の中点を中心とする，半径 $\dfrac{5}{2}$ の円

(2) 辺 AB を 1 : 2 に内分する点を中心とする，半径 2 の円

(3) △ABC の重心 G を中心とする，半径 1 の円

74 (1) 次の図の点 C

(2) 次の図の線分 A′B 上

(3) 次の図の台形 ACDB の周および内部

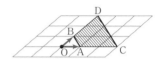

(4) 次の図の四角形 OAEB′ の周および内部

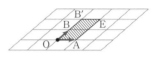

3 節　空間のベクトル

75 (1) 辺 AD, 辺 AE, 辺 DC, 辺 CG, 辺 FG, 辺 EF

(2)① 90°　　② 45°
　　③ 90°　　④ 60°

76 (1) 証明略　(2) 証明略

77 (1) $(2, 1, 4)$　　(2) $(-2, 1, -4)$

(3) $(2, -1, -4)$　(4) $(2, -1, 4)$

(5) $(-2, 1, 4)$　(6) $(-2, -1, -4)$

(7) $(-2, -1, 4)$

78 (1) $z = -6$　(2) $x = -3$　(3) $y = 2$

79 (1) $5\sqrt{2}$　(2) 9　(3) $3\sqrt{13}$

80 (1) AB＝BC の二等辺三角形

(2) ∠BAC＝90° の直角三角形

81 $\left(0,\ 0,\ \dfrac{9}{4}\right)$

82 (1) 証明略

(2) $(2, 3, 0)$ または $\left(-\dfrac{2}{3},\ \dfrac{1}{3},\ -\dfrac{8}{3}\right)$

83 (1) $\vec{b}+\vec{c}$　(2) $\vec{a}-\vec{c}$　(3) $\vec{a}-\vec{b}$

(4) $\vec{a}+\vec{b}-\vec{c}$　(5) $-\vec{a}-\vec{b}-\vec{c}$

84 (1) $\vec{c}-\vec{a}$ (2) $\dfrac{1}{2}\vec{a}-\dfrac{1}{2}\vec{c}$

    (3) $\dfrac{1}{2}\vec{b}+\dfrac{1}{2}\vec{c}$ (4) $\dfrac{1}{2}\vec{b}$

    (5) $-\dfrac{1}{2}\vec{a}+\dfrac{1}{2}\vec{b}+\dfrac{1}{2}\vec{c}$

85 (1) $5\vec{p}+2\vec{r}$ (2) $-3\vec{q}-2\vec{r}$
    (3) $5\vec{p}+3\vec{q}+2\vec{r}$ (4) $-5\vec{p}-3\vec{q}+2\vec{r}$

86 (1) $3\vec{e_1}-2\vec{e_2}-8\vec{e_3}$
    (2) $\overrightarrow{OA}=(3,\ -2,\ -8),\ |\overrightarrow{OA}|=\sqrt{77}$
    (3) $z=\pm\sqrt{6}$

87 (1) $-2\vec{a}=(-4,\ -2,\ 6),\ |-2\vec{a}|=2\sqrt{14}$
    (2) $\vec{b}+\vec{c}=(5,\ 1,\ 1),\ |\vec{b}+\vec{c}|=3\sqrt{3}$
    (3) $2\vec{a}-\vec{b}=(7,\ 2,\ -8),\ |2\vec{a}-\vec{b}|=3\sqrt{13}$
    (4) $\vec{a}-3\vec{b}-2\vec{c}=(-5,\ -1,\ -7)$
     $|\vec{a}-3\vec{b}-2\vec{c}|=5\sqrt{3}$
    (5) $3(\vec{b}-\vec{c})-2(\vec{a}-2\vec{c})=(-5,\ -1,\ 11)$
     $|3(\vec{b}-\vec{c})-2(\vec{a}-2\vec{c})|=7\sqrt{3}$

88 $t=\dfrac{1}{2}$ のとき，$\dfrac{\sqrt{10}}{2}$

89 (1) $\overrightarrow{OA}=(2,\ 1,\ -2),\ |\overrightarrow{OA}|=3$
    (2) $\overrightarrow{BO}=(3,\ 0,\ -5),\ |\overrightarrow{BO}|=\sqrt{34}$
    (3) $\overrightarrow{AB}=(-5,\ -1,\ 7),\ |\overrightarrow{AB}|=5\sqrt{3}$
    (4) $\overrightarrow{CA}=(\sqrt{6}+2,\ -2,\ \sqrt{6}-2)$
     $|\overrightarrow{CA}|=2\sqrt{6}$

90 $x=\dfrac{2}{3},\ y=-4$

91 (1) $(2,\ 7,\ -4)$ (2) $(-4,\ -3,\ 6)$

92 (1) $\left(\dfrac{2}{7},\ -\dfrac{3}{7},\ \dfrac{6}{7}\right)$

    (2) $\left(-\dfrac{\sqrt{6}}{6},\ \dfrac{\sqrt{6}}{6},\ -\dfrac{\sqrt{6}}{3}\right)$

93 (1) $\vec{p}=-2\vec{a}+\vec{b}-3\vec{c}$
    (2) $\vec{p}=2\vec{a}-5\vec{c}$

94 $\overrightarrow{AB}=\dfrac{1}{2}\vec{p}+\dfrac{1}{2}\vec{q}-\dfrac{1}{2}\vec{r}$

    $\overrightarrow{AD}=\dfrac{1}{2}\vec{p}-\dfrac{1}{2}\vec{q}+\dfrac{1}{2}\vec{r}$

    $\overrightarrow{AE}=-\dfrac{1}{2}\vec{p}+\dfrac{1}{2}\vec{q}+\dfrac{1}{2}\vec{r}$

95 最小値 $\dfrac{5\sqrt{3}}{3}$, $\vec{c}=\left(\dfrac{1}{3},\ \dfrac{5}{3},\ \dfrac{7}{3}\right)$

96 $x=-\dfrac{1}{3},\ y=\dfrac{17}{3},\ z=-\dfrac{14}{3}$

    または $x=7,\ y=2,\ z=-1$

97 $(1,\ -1,\ 5),\ (7,\ 0,\ -4),$
    $(2,\ 4,\ -2),\ (4,\ 2,\ -1)$

98 $x=-3,\ y=-1$ のとき，$3\sqrt{2}$

99 (1) 0 (2) 9 (3) -9 (4) -18
    (5) 9 (6) -9 (7) 0

100 (1) 3 (2) 0 (3) $-\sqrt{2}$

101 (1) $\theta=90°$ (2) $\theta=150°$
    (3) $\theta=135°$

102 $\vec{p}=(-2\sqrt{2},\ \sqrt{2},\ -3\sqrt{2}),$
    $(2\sqrt{2},\ -\sqrt{2},\ 3\sqrt{2})$

103 (1) $\vec{a}\cdot\vec{b}=\vec{b}\cdot\vec{c}=\vec{c}\cdot\vec{a}=\dfrac{1}{2}$

    (2) $\dfrac{7}{12}$

104 $\cos\alpha=\dfrac{\sqrt{3}}{2}$

    $\cos\beta=0$

    $\cos\gamma=-\dfrac{1}{2}$

105 (1) $\dfrac{7}{2}$ (2) $\dfrac{3\sqrt{2}}{2}$

106 (1) $M\left(-1,\ \dfrac{9}{2},\ 4\right)$

    (2) $P(-2,\ 5,\ 3)$
    (3) $Q(24,\ -8,\ 29)$

107 $G\left(-2,\ \dfrac{4}{3},\ 0\right)$

108 (1) $Q(5,\ -1,\ -8)$

    (2) $R\left(-\dfrac{5}{2},\ 4,\ \dfrac{9}{2}\right)$

109 証明略

110 (1) $\left(0,\ -\dfrac{3}{2},\ \dfrac{9}{2}\right)$ (2) $\dfrac{3\sqrt{35}}{2}$

111 $y=-6$

112 $\overrightarrow{\text{OP}}=\dfrac{1}{2}\overrightarrow{\text{OA}}+\dfrac{1}{3}\overrightarrow{\text{OB}}+\dfrac{1}{6}\overrightarrow{\text{OC}}$

113 (1) 証明略

    (2) 証明略, IH：HD＝1：2

114 (1) $(3,\ 3,\ -2)$

    (2) PH＝6, AH：HB＝1：2

115 $t=7,\ -1$

116 $\overrightarrow{\text{OP}}=\dfrac{4}{15}\vec{a}+\dfrac{4}{15}\vec{b}+\dfrac{1}{5}\vec{c}$

117 (1) $\overrightarrow{\text{OF}}=\dfrac{4}{15}\vec{a}+\dfrac{2}{15}\vec{b}+\dfrac{1}{15}\vec{c}$

    (2) $\overrightarrow{\text{OG}}=\dfrac{2}{11}\vec{b}+\dfrac{1}{11}\vec{c}$

118 (1) $\overrightarrow{\text{AG}}\cdot\overrightarrow{\text{DC}}=a^2$ (2) $\cos\theta=\dfrac{1}{3}$

119 (1) $\text{H}\left(\dfrac{2}{7},\ \dfrac{6}{7},\ \dfrac{4}{7}\right)$, $\text{OH}=\dfrac{2\sqrt{14}}{7}$

    (2) $S=\dfrac{\sqrt{14}}{2}$ (3) $V=\dfrac{2}{3}$

120 (1) $\vec{a}\cdot\vec{b}=1,\ \vec{b}\cdot\vec{c}=0,\ \vec{c}\cdot\vec{a}=1$

    (2) $\overrightarrow{\text{MN}}=-\dfrac{1}{3}\vec{a}+\dfrac{1}{2}\vec{b}+\dfrac{1}{2}\vec{c}$

       $\overrightarrow{\text{MN}}\cdot\overrightarrow{\text{OB}}=\dfrac{5}{3}$

    (3) $|\overrightarrow{\text{MN}}|=\dfrac{\sqrt{13}}{3}$, $\cos\theta=\dfrac{5\sqrt{13}}{26}$

121 (1) $x^2+y^2+z^2=4$

    (2) $(x+3)^2+(y-2)^2+(z+1)^2=12$

122 (1) $x^2+(y+3)^2+(z-2)^2=13$

    (2) $(x-4)^2+(y+3)^2+(z-1)^2=9$

    (3) $(x-2)^2+(y+2)^2+(z+4)^2=26$

123 (1) 中心の座標は $(3,\ -7,\ 1)$,

      半径は $6\sqrt{2}$

    (2) 中心の座標が $(0,\ -7,\ 1)$,

      半径 $3\sqrt{7}$ の円

    (3) 中心の座標が $(3,\ 1,\ 1)$,

      半径 $2\sqrt{2}$ の円

124 $x^2+y^2+z^2=4$ または $x^2+y^2+z^2=144$

125 (1) $x^2+y^2+z^2-2x+6y+4z=0$

    (2) $(x-1)^2+(y-1)^2+(z-1)^2=1$,

      $(x-3)^2+(y-3)^2+(z-3)^2=9$

126 $a=\pm5$

127 (1) $\dfrac{x-2}{4}=\dfrac{y+3}{-1}=\dfrac{z-7}{5}$

    (2) $\dfrac{x-3}{-1}=\dfrac{y}{2}=\dfrac{z+2}{3}$

128 (1) $2x+y-4z+3=0$

    (2) $3x-5y+z+5=0$

129 $(3,\ -1,\ -5)$

130 (1) $\dfrac{x-2}{3}=\dfrac{y+2}{-1}=\dfrac{z+9}{-1}$

    (2) $(-4,\ 0,\ -7)$

131 (1) 証明略

    (2) $2x-3y+z-8=0$

    (3) $x^2+y^2+z^2=\dfrac{32}{7}$, $\left(\dfrac{8}{7},\ -\dfrac{12}{7},\ \dfrac{4}{7}\right)$

章末問題

132 (1) $\vec{a}\cdot\vec{b}=\dfrac{3}{2}$ (2) $\cos\theta=\dfrac{t^2+1}{4t}$

    (3) $t=1$ のとき，$60°$

133 (1) $\overrightarrow{\text{AF}}=\dfrac{3}{4}\vec{b}+\dfrac{1}{6}\vec{d}$

      $\overrightarrow{\text{FG}}=-\dfrac{1}{12}\vec{b}+\dfrac{1}{6}\vec{d}$

    (2) $\overrightarrow{\text{AH}}=\dfrac{5}{6}\vec{b}$

134 (1) $\overrightarrow{\text{OP}}=\dfrac{k+1}{3}\overrightarrow{\text{OA}}+\dfrac{1}{3}\overrightarrow{\text{OB}}$

    (2) $-1<k<1$

    (3) 次の図の太線部分

135 (1) $\vec{p}=\left(\dfrac{1}{2}-t\right)\vec{a}+t\vec{b}$

(2) $\left(\vec{p}-\dfrac{1}{2}\vec{a}\right)\cdot\vec{a}=0$

(3) $|\vec{p}-\vec{b}|=|\vec{b}|$

　　または　$\vec{p}\cdot(\vec{p}-2\vec{b})=0$

(4) $\left(\vec{p}-\dfrac{1}{2}\vec{a}\right)\cdot(\vec{p}-\vec{b})=0$

　　または　$\left|\vec{p}-\dfrac{\vec{a}+2\vec{b}}{4}\right|=\left|\dfrac{\vec{a}-2\vec{b}}{4}\right|$

136 (1) $\angle$ABC$=90°$ の直角三角形

(2) 正三角形

137 証明略

138 $\vec{p}=\left(\dfrac{2}{3},\ \dfrac{2}{3},\ \dfrac{8}{3}\right),\ (-2,\ -2,\ 0)$

139 (1) $(-1,\ 3,\ 4),\ (1,\ -1,\ 10)$

(2) $\sqrt{182}$

140 (1) $60°$　(2) $90°$　(3) $\dfrac{3}{2}a$

141 $\sqrt{6}$

142 (1) $|\vec{p}-\vec{a}|=|\vec{p}-\vec{b}|$

(2) $(\vec{b}-\vec{a})\cdot\left(\vec{p}-\dfrac{\vec{a}+\vec{b}}{2}\right)=0$

(3) 証明略

2章　複素数平面

1節　複素数平面

143

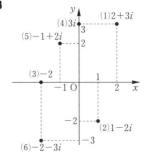

144 (1) 実軸に関して対称　$2-2i$

　　　原点に関して対称　$-2-2i$

　　　虚軸に関して対称　$-2+2i$

(2) 実軸に関して対称　$1+3i$

　　　原点に関して対称　$-1+3i$

　　　虚軸に関して対称　$-1-3i$

(3) 実軸に関して対称　$-\sqrt{3}-i$

　　　原点に関して対称　$\sqrt{3}-i$

　　　虚軸に関して対称　$\sqrt{3}+i$

145 (1) $5-i$　(2) $-1-5i$

(3) $5-5i$　(4) $12-5i$

(5) $13i$　(6) $-i$

146 (1)

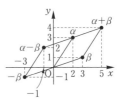

(2)

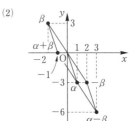

147 (1) $a=9$ (2) $a=-2$
    (3) $a=-1,\ 2$

148 (1) 13 (2) $\sqrt{10}$
    (3) 3 (4) 5

149 (1) $\sqrt{10}$ (2) 5
    (3) $\sqrt{34}$ (4) 5

150 (1) $\sqrt{13}$ (2) 5 (3) $5\sqrt{5}$

151

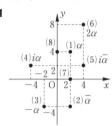

152 (1)(2)

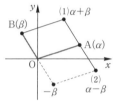

    (3)(4)

153 (1) $a=3$ (2) $a=-1$

154 2

155 (1) $3-i$ (2) $1-i$

156 (1) 1 (2) 0

157 (1) $2\left(\cos\dfrac{\pi}{6}+i\sin\dfrac{\pi}{6}\right)$

    (2) $\sqrt{2}\left(\cos\dfrac{7}{4}\pi+i\sin\dfrac{7}{4}\pi\right)$

    (3) $2\left(\cos\dfrac{5}{3}\pi+i\sin\dfrac{5}{3}\pi\right)$

    (4) $2\sqrt{2}\left(\cos\dfrac{3}{4}\pi+i\sin\dfrac{3}{4}\pi\right)$

    (5) $5(\cos 0+i\sin 0)$

    (6) $4\left(\cos\dfrac{3}{2}\pi+i\sin\dfrac{3}{2}\pi\right)$

    (7) $2\sqrt{3}\left(\cos\dfrac{\pi}{3}+i\sin\dfrac{\pi}{3}\right)$

    (8) $\dfrac{2}{3}\left(\cos\dfrac{7}{6}\pi+i\sin\dfrac{7}{6}\pi\right)$

158 (1) $2\{\cos(-\theta)+i\sin(-\theta)\}$

    (2) $\dfrac{1}{2}\{\cos(-\theta)+i\sin(-\theta)\}$

    (3) $2\{\cos(\theta+\pi)+i\sin(\theta+\pi)\}$

    (4) $\dfrac{1}{2}\{\cos(\pi-\theta)+i\sin(\pi-\theta)\}$

159 (1) $z_1z_2=-\sqrt{2}+\sqrt{2}\,i$, $\dfrac{z_1}{z_2}=2i$

    (2) $z_1z_2=6-6\sqrt{3}\,i$, $\dfrac{z_1}{z_2}=\dfrac{3\sqrt{3}}{8}+\dfrac{3}{8}i$

160 (1) 点 z を原点のまわりに $\dfrac{\pi}{6}$ だけ回転し，
    原点からの距離を 2 倍した点

    (2) 点 z を原点のまわりに $\dfrac{3}{4}\pi$ だけ回転し，
    原点からの距離を $\dfrac{1}{\sqrt{2}}$ 倍した点

    (3) 点 z を原点のまわりに $-\dfrac{\pi}{3}$ だけ回転し，
    原点からの距離を $\dfrac{1}{2}$ 倍した点

161 $\dfrac{2}{3}\pi$ 回転 $-\dfrac{5}{2}+\dfrac{\sqrt{3}}{2}i$

    $-\dfrac{2}{3}\pi$ 回転 $\dfrac{1}{2}-\dfrac{3\sqrt{3}}{2}i$

162 (1) B を表す複素数 $-1+2i$
    C を表す複素数 $-2-i$
    D を表す複素数 $1-2i$
    (2) B を表す複素数 $2i$
    C を表す複素数 $-\sqrt{3}+i$
    D を表す複素数 $-\sqrt{3}-i$
    E を表す複素数 $-2i$
    F を表す複素数 $\sqrt{3}-i$

163 (1) $\dfrac{\sqrt{3}}{2}+\dfrac{1}{2}i$

(2) $\sqrt{2}\left(\cos\dfrac{5}{12}\pi+i\sin\dfrac{5}{12}\pi\right)$

164 $\cos\theta=\dfrac{12}{13}$, $\sin\theta=\dfrac{5}{13}$

165 $r=2$, $\theta=\dfrac{\pi}{12}$

166 証明略

167 $\beta=\sqrt{3}-1+(\sqrt{3}+1)i$

168 (1) -1 (2) i

(3) $-16\sqrt{3}+16i$ (4) $-32i$

(5) $\dfrac{1}{64}-\dfrac{\sqrt{3}}{64}i$ (6) $-\dfrac{1}{2}+\dfrac{\sqrt{3}}{2}i$

169 $z=\pm1$, $\pm i$, 図略

170 (1) $z=-3i$, $\pm\dfrac{3\sqrt{3}}{2}+\dfrac{3}{2}i$

(2) $z=\pm\sqrt{2}i$, $\pm\dfrac{\sqrt{6}}{2}+\dfrac{\sqrt{2}}{2}i$, $\pm\dfrac{\sqrt{6}}{2}-\dfrac{\sqrt{2}}{2}i$

(3) $z=-\dfrac{\sqrt{2}}{2}+\dfrac{\sqrt{2}}{2}i$, $\dfrac{\sqrt{2}}{2}-\dfrac{\sqrt{2}}{2}i$

171 (1) $512-512\sqrt{3}i$

(2) -64

172 (1) $z=\cos\dfrac{\pi}{6}+i\sin\dfrac{\pi}{6}$ または

$z=\cos\left(-\dfrac{\pi}{6}\right)+i\sin\left(-\dfrac{\pi}{6}\right)$

(2) $\dfrac{1}{z^{12}}=1$

173 (1) $z_1=\sqrt{3}+i$

(2) $n=6$, $z_6=-64$

174 (1) $z=-\sqrt{3}-i$, $\sqrt{3}+i$, $-1+\sqrt{3}i$, $1-\sqrt{3}i$

(2) $z=1+i$, $-\dfrac{\sqrt{3}+1}{2}+\dfrac{\sqrt{3}-1}{2}i$, $\dfrac{\sqrt{3}-1}{2}-\dfrac{\sqrt{3}+1}{2}i$

175 $n=4k$ (k は 1 以上の整数)

176 (1) 1 (2) 0

(3) $\dfrac{-1+\sqrt{5}}{2}$ (4) $\dfrac{-1+\sqrt{5}}{4}$

177 (1) $z^2=\dfrac{-1+\sqrt{3}i}{2}$

$z^3=-1$

(2) $9-9\sqrt{3}i$

178 0

179 内分点 P を表す複素数 $3i$

外分点 Q を表す複素数 $-2+5i$

中点 M を表す複素数 $\dfrac{1}{2}+\dfrac{5}{2}i$

180 (1) 点 -1 を中心とする半径 2 の円

(2) 点 $2i$ を中心とする半径 1 の円

(3) 点 $1+i$ を中心とする半径 2 の円

(4) 点 $\dfrac{i}{2}$ を中心とする半径 $\dfrac{3}{2}$ の円

181 (1) 点 1 と点 -3 を結ぶ線分の垂直二等分線

(2) 原点と点 $-2+i$ を結ぶ線分の垂直二等分線

(3) 点 2 と点 $-4i$ を結ぶ線分の垂直二等分線

(4) 点 $1+i$ と点 $3-i$ を結ぶ線分の垂直二等分線

182 $a=1$, $b=2$

183 $3+\sqrt{3}-\sqrt{3}i$

184 $\gamma=4+\sqrt{3}-\sqrt{3}i$, $4-\sqrt{3}+\sqrt{3}i$

185 (1) $\dfrac{\pi}{2}$ (2) $\dfrac{\pi}{4}$ (3) $\dfrac{\pi}{6}$

186 (1) $k=\dfrac{5}{3}$ (2) $k=\dfrac{15}{4}$

187 (1) 点 2 を中心とする半径 2 の円

(2) 点 $-\dfrac{9}{2}-\dfrac{3}{2}i$ を中心とする半径 $\dfrac{3\sqrt{2}}{2}$ の円

188 (1) 点 -1 を中心とする半径 2 の円

(2) 点 $-1-i$ を中心とする半径 1 の円

(3) 点 $\dfrac{i}{2}$ を中心とする半径 $\dfrac{1}{2}$ の円

189 (1) $-\dfrac{1}{2}+\dfrac{\sqrt{3}}{2}i$

(2) BC＝BA，∠ABC＝120° の二等辺三角形

190 (1)

(2) 最大値は 3, 最小値は 1

(3) $0 \leqq \theta \leqq \dfrac{\pi}{3}$

191 $a=1$

192 (1) $-\dfrac{1}{2} \pm \dfrac{\sqrt{3}}{2} i$

(2) $\mathrm{OA}=\mathrm{OB},\ \angle \mathrm{AOB}=120°$ の
二等辺三角形

193 (1) 次の図の太線部分

(2) 次の図の太線部分

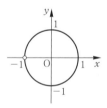

(3) 次の図の太線部分

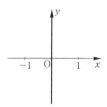

(4) 次の図の太線部分

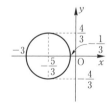

194 次の図の太線部分

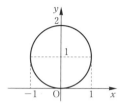

195 次の図の太線部分
ただし，点 $-i$ は除く。

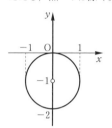

196 (1) $\left(x+\dfrac{5}{2}\right)^2+\left(y-\dfrac{\sqrt{3}}{2}\right)^2=1$

(2) $(\sqrt{3}+1)x-(\sqrt{3}-1)y+4=0$

197 (1) 次の図の斜線部分
ただし，境界線を含まない。

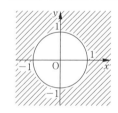

(2) 次の図の斜線部分
ただし，境界線を含む。

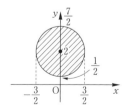

(3) 次の図の斜線部分
ただし，境界線を含まない。

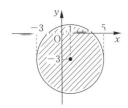

(4) 次の図の斜線部分
ただし，境界線を含まない。

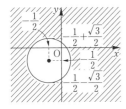

198 右の図の斜線部分
ただし，境界線を含む。

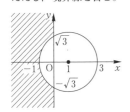

199 (1) 証明略
(2) 証明略

200 (1) $\cos(\pi-\alpha)+i\sin(\pi-\alpha)$

(2) $\cos\left(\dfrac{\pi}{2}-\alpha\right)+i\sin\left(\dfrac{\pi}{2}-\alpha\right)$

(3) $2\cos\dfrac{\alpha}{2}\left(\cos\dfrac{\alpha}{2}+i\sin\dfrac{\alpha}{2}\right)$

201 証明略

202 証明略

203 (1) $2\sqrt{3}$　　(2) 4

204 $m=6$，$n=12$

205 証明略

206 (1) 最大値 3，最小値 1
(2) 最大値 4，最小値 0

207 $p=\dfrac{\sqrt{3}-1}{2}$，$q=\dfrac{\sqrt{3}-1}{2}$

208 証明略

209 (1) $PQ=\sqrt{5}$，$QR=2\sqrt{10}$

(2) $\dfrac{\pi}{4}$　　(3) 5

210 直線 $y=\sqrt{3}x$　ただし，原点を除く。

211 (1) $\pm i$

(2) $AB=AC$，$\angle BAC=90°$ の
直角二等辺三角形

212 (1) $\dfrac{1}{2}+\dfrac{\sqrt{3}}{2}i$

(2)

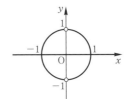

213 (1) 次の図の太線部分

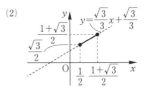

(2) 次の図の太線部分

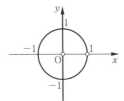

214 (1) $|z|=\sqrt{5}$　　(2) $\bar{z}=\dfrac{5}{z}$

(3) 4

3章 平面上の曲線

1節 2次曲線

215 (1) $y^2=4x$ (2) $y^2=-2x$

216 (1) 焦点は $\left(\dfrac{1}{2},\ 0\right)$, 準線は $x=-\dfrac{1}{2}$

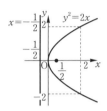

(2) 焦点は $(-2,\ 0)$, 準線は $x=2$

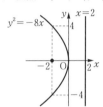

(3) 焦点は $\left(\dfrac{1}{8},\ 0\right)$, 準線は $x=-\dfrac{1}{8}$

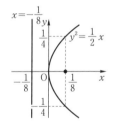

217 (1) $x^2=12y$ (2) $x^2=-6y$

218 (1) 焦点は $(0,\ 1)$, 準線は $y=-1$

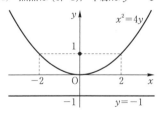

(2) 焦点は $\left(0,\ -\dfrac{1}{2}\right)$, 準線は $y=\dfrac{1}{2}$

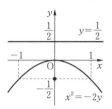

(3) 焦点は $\left(0,\ -\dfrac{1}{4}\right)$, 準線は $y=\dfrac{1}{4}$

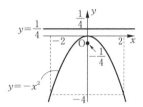

219 (1) $y^2=-12x$ (2) $y^2=\dfrac{4}{3}x$

(3) $x^2=-\dfrac{1}{2}y$

220 (1) $y^2=8x$ (2) $x^2=3y$

(3) $y^2=-8x$

221 証明略

222 $\dfrac{x^2}{9}+\dfrac{y^2}{5}=1$

223 (1) 焦点の座標は $(\sqrt{5},\ 0),\ (-\sqrt{5},\ 0)$

頂点の座標は $(3,\ 0),\ (-3,\ 0),$

$(0,\ 2),\ (0,\ -2)$

長軸の長さは 6, 短軸の長さは 4

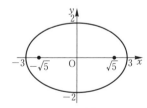

(2) 焦点の座標は $(\sqrt{3},\ 0),\ (-\sqrt{3},\ 0)$

頂点の座標は $(2,\ 0),\ (-2,\ 0),$

$(0,\ 1),\ (0,\ -1)$

長軸の長さは 4, 短軸の長さは 2

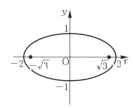

(3) 焦点の座標は $(2, 0)$, $(-2, 0)$

頂点の座標は $(4, 0)$, $(-4, 0)$,

$(0, 2\sqrt{3})$, $(0, -2\sqrt{3})$

長軸の長さは 8, 短軸の長さは $4\sqrt{3}$

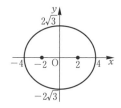

224 (1) 焦点の座標は $(0, 4)$, $(0, -4)$

頂点の座標は $(3, 0)$, $(-3, 0)$,

$(0, 5)$, $(0, -5)$

長軸の長さは 10, 短軸の長さは 6

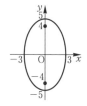

(2) 焦点の座標は $(0, \sqrt{15})$, $(0, -\sqrt{15})$

頂点の座標は $(1, 0)$, $(-1, 0)$,

$(0, 4)$, $(0, -4)$

長軸の長さは 8, 短軸の長さは 2

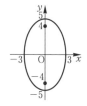

(3) 焦点の座標は $(0, 2)$, $(0, -2)$

頂点の座標は $(\sqrt{2}, 0)$, $(-\sqrt{2}, 0)$,

$(0, \sqrt{6})$, $(0, -\sqrt{6})$

長軸の長さは $2\sqrt{6}$, 短軸の長さは $2\sqrt{2}$

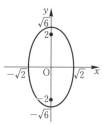

225 (1) 楕円 $\dfrac{x^2}{25}+\dfrac{y^2}{49}=1$

(2) 楕円 $\dfrac{x^2}{100}+\dfrac{y^2}{25}=1$

226 (1) $\dfrac{x^2}{16}+\dfrac{y^2}{7}=1$ (2) $\dfrac{x^2}{4}+\dfrac{y^2}{8}=1$

(3) $\dfrac{x^2}{9}+\dfrac{y^2}{25}=1$ (4) $\dfrac{x^2}{6}+\dfrac{y^2}{3}=1$

227 最大値 4, 最小値 $\dfrac{4\sqrt{5}}{5}$

228 楕円 $\dfrac{x^2}{36}+\dfrac{y^2}{32}=1$

229 $\dfrac{x^2}{4}-\dfrac{y^2}{5}=1$

230 (1) 焦点の座標は $(5, 0)$, $(-5, 0)$

頂点の座標は $(3, 0)$, $(-3, 0)$

(2) 焦点の座標は $(\sqrt{5}, 0)$, $(-\sqrt{5}, 0)$

頂点の座標は $(2, 0)$, $(-2, 0)$

231 (1) 焦点の座標は $(\sqrt{13}, 0)$, $(-\sqrt{13}, 0)$

頂点の座標は $(3, 0)$, $(-3, 0)$

漸近線の方程式は

$y=\dfrac{2}{3}x$, $y=-\dfrac{2}{3}x$

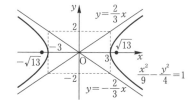

(2) 焦点の座標は $(2\sqrt{3},\ 0)$, $(-2\sqrt{3},\ 0)$
頂点の座標は $(2,\ 0)$, $(-2,\ 0)$
漸近線の方程式は
$$y=\sqrt{2}\,x,\ y=-\sqrt{2}\,x$$

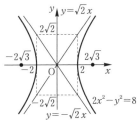

(3) 焦点の座標は $(2\sqrt{2},\ 0)$, $(-2\sqrt{2},\ 0)$
頂点の座標は $(2,\ 0)$, $(-2,\ 0)$
漸近線の方程式は
$$y=x,\ y=-x$$

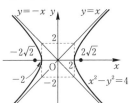

232 (1) $\dfrac{x^2}{4}-\dfrac{y^2}{4}=1$

(2) $\dfrac{x^2}{3}-\dfrac{y^2}{3}=1$

233 (1) 焦点の座標は $(0,\ 5)$, $(0,\ -5)$
頂点の座標は $(0,\ 3)$, $(0,\ -3)$
$$y=\frac{3}{4}x,\ y=-\frac{3}{4}x$$

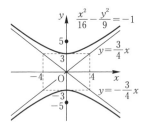

(2) 焦点の座標は $(0,\ 2)$, $(0,\ -2)$
頂点の座標は $(0,\ \sqrt{2})$, $(0,\ -\sqrt{2})$
漸近線の方程式は
$$y=x,\ y=-x$$

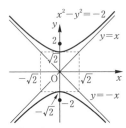

234 (1) $\dfrac{x^2}{9}-\dfrac{y^2}{7}=1$

(2) $\dfrac{x^2}{2}-\dfrac{y^2}{8}=-1$

(3) $\dfrac{x^2}{3}-\dfrac{y^2}{2}=1$

(4) $\dfrac{x^2}{4}-\dfrac{y^2}{12}=-1$

235 (1) 双曲線 $\dfrac{x^2}{4}-\dfrac{y^2}{12}=1$ の左半分

(2) 双曲線 $\dfrac{x^2}{15}-y^2=-1$ の上半分

236 証明略

237 (1) $(y+1)^2=-3(x-2)$

(2) $\dfrac{(x-2)^2}{4}+\dfrac{(y+1)^2}{9}=1$

(3) $\dfrac{(x-2)^2}{3}-\dfrac{(y+1)^2}{4}=-1$

238 (1) 放物線 $y^2=-4x$ を x 軸方向に 1, y 軸方向に 2 だけ平行移動したもの

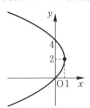

(2) 楕円 $\dfrac{x^2}{4}+\dfrac{y^2}{9}=1$ を x 軸方向に -2, y 軸

方向に 3 だけ平行移動したもの

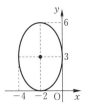

(3) 双曲線 $x^2-\dfrac{y^2}{4}=-1$ を x 軸方向に -2,

y 軸方向に 1 だけ平行移動したもの

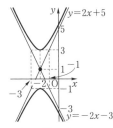

239 (1) $(x-1)^2=8(y-1)$

(2) $\dfrac{(x-1)^2}{9}+\dfrac{(y-2)^2}{5}=1$

(3) $(x-5)^2-\dfrac{(y+3)^2}{8}=1$

240 $\dfrac{2}{9}(x+1)^2-\dfrac{2}{9}(y-2)^2=1$

241 楕円 $\dfrac{x^2}{2}+y^2=1$

242 (1) 2 個 (2) 1 個 (3) 0 個

243 (1) $-\sqrt{3}<k<\sqrt{3}$ のとき 2 個

$k=-\sqrt{3}$, $\sqrt{3}$ のとき 1 個

$k<-\sqrt{3}$, $\sqrt{3}<k$ のとき 0 個

(2) 接線 $y=-x+\sqrt{3}$, 接点 $\left(\dfrac{\sqrt{3}}{3},\ \dfrac{2\sqrt{3}}{3}\right)$

または

接線 $y=-x-\sqrt{3}$, 接点 $\left(-\dfrac{\sqrt{3}}{3},\ -\dfrac{2\sqrt{3}}{3}\right)$

244 (1) $y=x+2$, $y=-x-2$

(2) $y=2x-4$, $y=-2x+4$

(3) $y=-2$, $y=\dfrac{8}{5}x+\dfrac{6}{5}$

245 (1) $(6,\ -3)$ (2) $\left(-\dfrac{3}{8},\ \dfrac{1}{4}\right)$

(3) $(6,\ 4)$

246 (1) $y=\dfrac{1}{4}x+2$ (2) $x-y=3$

(3) $x-y=2$

247 (1) $4x_1x+9y_1y=36$

(2) $y=2$, $8x-9y=30$

248 証明略

249 $P\left(1,\ \dfrac{1}{\sqrt{2}}\right)$ のとき，最小値 $\sqrt{2}$

250 (1) 放物線 $y^2=4x-4$

(2) 楕円 $\dfrac{x^2}{4}+\dfrac{y^2}{3}=1$

(3) 双曲線 $\dfrac{(x-3)^2}{3}-\dfrac{(y+1)^2}{6}=1$

251 (1) 楕円 $\dfrac{x^2}{9}+y^2=1$

(2) 楕円 $\dfrac{x^2}{36}+\dfrac{y^2}{4}=1$

252 双曲線 $\dfrac{x^2}{6}-\dfrac{(y-1)^2}{3}=-1$

253 双曲線 $\dfrac{x^2}{20}-\dfrac{y^2}{5}=1$ および $\dfrac{x^2}{20}-\dfrac{y^2}{5}=-1$

254 楕円 $\dfrac{x^2}{a^2}+\dfrac{y^2}{a^2-c^2}=1$

255 直線 $y=-\dfrac{1}{2}x$ の

$x<-\dfrac{2\sqrt{3}}{3}$, $\dfrac{2\sqrt{3}}{3}<x$ の部分

2節 媒介変数表示と極座標

256 (1) 放物線 $y=x^2-9$

(2) 放物線 $y^2=2x$

257 (1) $x=5\cos\theta$, $y=5\sin\theta$

(2) $x=4\cos\theta$, $y=2\sin\theta$

(3) $x=\sqrt{2}\cos\theta-3$, $y=\sqrt{2}\sin\theta+4$

258 (1) 円 $x^2+y^2=16$ を x 軸方向に -1

だけ平行移動した円

(2) 楕円 $\dfrac{x^2}{25}+\dfrac{y^2}{16}=1$ を x 軸方向に 2,

y 軸方向に -3 だけ平行移動した楕円

259 (1) 双曲線 $x^2-\dfrac{y^2}{4}=1$

(2) 双曲線 $\dfrac{x^2}{9}-\dfrac{y^2}{16}=-1$

260 $x=\dfrac{2(t^2-1)}{t^2+1}$, $y=-\dfrac{4t}{t^2+1}$

261 (1) $\theta=\dfrac{\pi}{6}$ のとき $P\left(\dfrac{\pi}{3}-1,\ 2-\sqrt{3}\right)$

$\theta=\dfrac{\pi}{2}$ のとき $P(\pi-2,\ 2)$

(2) $\theta=\dfrac{2}{3}\pi,\ \dfrac{4}{3}\pi$

262 (1) 放物線 $y=-x^2+4x$

(2) 直線 $y=-x-1$ の $x\leqq0$ の部分

263 8

264 双曲線 $\dfrac{(x-3)^2}{4}-\dfrac{(y+1)^2}{16}=1$

265 (1) 放物線 $y=2x^2-1$ の $-1\leqq x\leqq1$ の部分

(2) 円 $x^2+y^2=5$

(3) 放物線 $x^2=2y+1$ の
$-\sqrt{2}\leqq x\leqq\sqrt{2}$ の部分

(4) 円 $(x-1)^2+y^2=1$ の原点を除く部分

266 (1) $P\left(\dfrac{4}{4t^2+1},\ \dfrac{4t}{4t^2+1}\right)$

(2) 楕円 $\dfrac{(x-2)^2}{4}+y^2=1$ の原点を除く部分

267

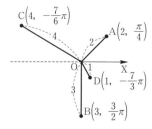

268 $A\left(2,\ \dfrac{\pi}{4}\right)$, $D(2,\ \pi)$, $E\left(2,\ \dfrac{5}{4}\pi\right)$

269 (1) $(2,\ 2\sqrt{3})$ (2) $(-\sqrt{2},\ \sqrt{2})$

(3) $(-3,\ -\sqrt{3})$

270 (1) $\left(\sqrt{2},\ \dfrac{\pi}{4}\right)$ (2) $\left(2,\ \dfrac{2}{3}\pi\right)$

(3) $\left(2\sqrt{3},\ \dfrac{11}{6}\pi\right)$

271 (1) $AB=\sqrt{19}$

$\triangle OAB$ の面積 $\dfrac{5\sqrt{3}}{2}$

(2) $AB=2\sqrt{10}$

$\triangle OAB$ の面積 4

272 (1) $\theta=\dfrac{\pi}{6}$ (2) $r=1$

273 $r\cos\left(\theta-\dfrac{\pi}{6}\right)=2$

274 (1)

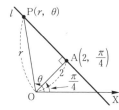

(2)

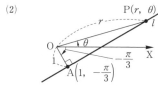

275 $r=4\cos\left(\theta-\dfrac{\pi}{3}\right)$

276 (1)

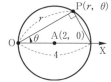

(2)

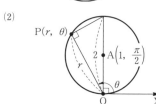

(3)

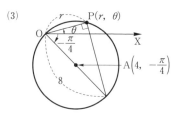

277 (1) $2x+y=2$

    (2) $x^2+y^2+2\sqrt{3}\,x-2y=0$

278 (1) $r\sin\left(\theta+\dfrac{5}{6}\pi\right)=1$

    (2) $r^2\cos 2\theta=4$

    (3) $r=4\sin\theta$

279 $r=\dfrac{2}{1+\cos\theta}$

280 (1) $\dfrac{(x-1)^2}{4}+\dfrac{y^2}{3}=1$

    (2) $y^2=4x+4$

    (3) $\dfrac{(x+4)^2}{4}-\dfrac{y^2}{12}=1$

281 (1) $r\cos\left(\theta+\dfrac{\pi}{6}\right)=\dfrac{\sqrt{3}}{2}$

    (2) $r\cos\left(\theta-\dfrac{3}{4}\pi\right)=2\sqrt{2}$

282 (1) $r=6\cos\left(\theta-\dfrac{\pi}{2}\right)$

    (2) $r^2-2r\cos\left(\theta+\dfrac{\pi}{6}\right)-3=0$

章末問題

283 2辺の長さが $2\sqrt{2}$, $\sqrt{6}$ のとき,

    最大値 $4\sqrt{3}$

284 (1) $(2,\ \sqrt{3})$, $(2,\ -\sqrt{3})$

    (2) $(2,\ 0)$, $\left(-\dfrac{18}{25},\ \dfrac{12\sqrt{34}}{25}\right)$,

    $\left(-\dfrac{18}{25},\ -\dfrac{12\sqrt{34}}{25}\right)$

285 $x-2y+4=0$, $x+2y+4=0$

286 (1) $PF=a+p$, $FQ=a+p$

    (2) 証明略

287 次の図の斜線部分

    ただし，境界線を含む。

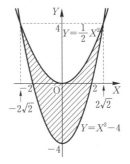

288 (1) $A\left(\dfrac{2}{t-1},\ \dfrac{2t}{t-1}\right)$, $B\left(\dfrac{2}{t+1},\ \dfrac{2t}{t+1}\right)$

    (2) 双曲線 $x^2-(y-1)^2=-1$ の点 $(0,\ 2)$ を

    除く部分

289 $P\left(1,\ -\dfrac{\sqrt{3}}{2}\right)$ のとき 最大値 $\dfrac{12}{\sqrt{13}}$

    $P\left(-1,\ \dfrac{\sqrt{3}}{2}\right)$ のとき 最小値 $\dfrac{4}{\sqrt{13}}$

290 証明略

291 (1) $C(2\cos\theta,\ 2\sin\theta)$

    (2) $\overrightarrow{CP}=(-\cos 2\theta,\ -\sin 2\theta)$

    (3) $x=2\cos\theta-\cos 2\theta$

    $y=2\sin\theta-\sin 2\theta$

292 (1) $r\sin\left(\theta+\dfrac{\pi}{3}\right)=1$

    (2) 直線 $y=-\sqrt{3}x+2$

293 (1) Ⓐ, Ⓑ, Ⓒ

    (2) Ⓑ

3

Prominence 数学C

●編　者──実教出版編修部

●発行者──小田　良次

●印刷所──共同印刷株式会社

●発行所──実教出版株式会社

〒102-8377
東京都千代田区五番町5
電話〈営業〉(03) 3238-7777
　　〈編修〉(03) 3238-7785
　　〈総務〉(03) 3238-7700
https://www.jikkyo.co.jp/

002402023②　　　　　　　　ISBN978-4-407-35688-5

複 素 数 平 面

1 複素数平面（ガウス平面）

(1) 座標平面上の点 (a, b) に対して複素数
$z = a + bi$ (i は虚数単位)
を対応させた平面。 (虚軸)
この点を P(z),
または点 z と表す。

(2) 共役な複素数
$z = a + bi$ に対して
$\overline{z} = a - bi$
$-z = -a - bi$
$-\overline{z} = -a + bi$
であるから
点 $\overline{z}$ は，点 z と実軸に関して対称
点 $-z$ は，点 z と原点に関して対称
点 $-\overline{z}$ は，点 z と虚軸に関して対称

2 共役な複素数の性質

(1) $\overline{\alpha \pm \beta} = \overline{\alpha} \pm \overline{\beta}$ （複号同順）

(2) $\overline{\alpha\beta} = \overline{\alpha}\,\overline{\beta}$

(3) $\overline{\left(\dfrac{\alpha}{\beta}\right)} = \dfrac{\overline{\alpha}}{\overline{\beta}}$

(4) z が実数 $\iff \overline{z} = z$
z が純虚数 $\iff \overline{z} = -z,\ z \neq 0$

3 複素数の絶対値の性質

原点 O と点 z の距離を $|z|$ で表す。
$$|z| = |a + bi| = \sqrt{a^2 + b^2}$$

(1) $|z| \geqq 0$
$|z| = 0 \iff z = 0$

(2) $|z| = |-z|,\ |z| = |\overline{z}|$

(3) $|z|^2 = z\overline{z}$
$|z| = 1 \iff \overline{z} = \dfrac{1}{z}$

(4) 複素数平面上の2点 A(α), B(β) 間の距離は
$AB = |\beta - \alpha|$

4 複素数の極形式

(1) $z = r(\cos\theta + i\sin\theta)$
($r = |z|$, $\theta = \arg z$) を
複素数 z の極形式，
θ を z の偏角という。

5 複素数の積と商

(1) $\begin{cases} z_1 = r_1(\cos\theta_1 + i\sin\theta_1) \\ z_2 = r_2(\cos\theta_2 + i\sin\theta_2) \end{cases}$ のとき

・$z_1 z_2 = r_1 r_2 \{\cos(\theta_1 + \theta_2) + i\sin(\theta_1 + \theta_2)\}$
$|z_1 z_2| = |z_1||z_2|$, $\arg(z_1 z_2) = \arg z_1 + \arg z_2$

・$\dfrac{z_1}{z_2} = \dfrac{r_1}{r_2}\{\cos(\theta_1 - \theta_2) + i\sin(\theta_1 - \theta_2)\}$

$\left|\dfrac{z_1}{z_2}\right| = \dfrac{|z_1|}{|z_2|}$, $\arg\dfrac{z_1}{z_2} = \arg z_1 - \arg z_2$

(2) $w = r(\cos\theta + i\sin\theta)$ のとき

・点 wz は，点 z を原点のまわりに θ だけ回転し，
原点からの距離を r 倍した点

・点 $\dfrac{z}{w}$ は，点 z を原点のまわりに $-\theta$ だけ回転
し，原点からの距離を $\dfrac{1}{r}$ 倍した点

6 ド・モアブルの定理

任意の整数 n に対して
$$(\cos\theta + i\sin\theta)^n = \cos n\theta + i\sin n\theta$$

7 複素数の図形への応用

(1) 線分の内分点・外分点
複素数平面上の2点 A(α), B(β) を $m : n$ に

内分する点は $\dfrac{n\alpha + m\beta}{m + n}$

外分する点は $\dfrac{-n\alpha + m\beta}{m - n}$

(2) 方程式の表す図形
・点 α を中心とする半径 r の円
$|z - \alpha| = r$
・2点 α, β を結ぶ線分の垂直二等分線
$|z - \alpha| = |z - \beta|$

(3) 点 A(α) のまわりの回転移動
点 B(β) を点 A(α) のまわりに θ だけ回転した点
を C(γ) とすると
$\gamma - \alpha = (\cos\theta + i\sin\theta)(\beta - \alpha)$
すなわち
$\gamma = (\cos\theta + i\sin\theta)(\beta - \alpha) + \alpha$
$\begin{pmatrix} 3点\ A,\ B,\ C\ をすべて\ -\alpha\ だけ平行移動 \\ すると，原点のまわりの回転移動と考えられる \end{pmatrix}$

(4) 3点の位置関係
複素数平面上の異なる3点 A(α), B(β), C(γ) に
対して
・2線分のなす角
$\angle BAC = \arg\dfrac{\gamma - \alpha}{\beta - \alpha}$
・3点が一直線上にある
$\iff \dfrac{\gamma - \alpha}{\beta - \alpha}$ が実数
・2直線 AB, AC が垂直
$\iff \dfrac{\gamma - \alpha}{\beta - \alpha}$ が純虚数

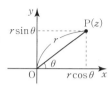

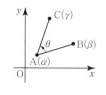